Photoshop CS5 图像处理实用教程

严圣华　许　辉　主编

苏州大学出版社

图书在版编目(CIP)数据

Photoshop CS5 图像处理实用教程 / 严圣华,许辉主
编. —苏州:苏州大学出版社,2012.1
　21世纪高职高专教材
　ISBN 978-7-81137-935-8

Ⅰ.①P… Ⅱ.①严… ②许… Ⅲ.①图像处理软件,
Photoshop CS5－高等职业教育－教材 Ⅳ.①TP391.41

中国版本图书馆 CIP 数据核字(2012)第 008123 号

Photoshop CS5 图像处理实用教程

严圣华　许　辉　主编

责任编辑　方　圆

苏州大学出版社出版发行

(地址:苏州市十梓街 1 号　邮编:215006)

宜兴市盛世文化印刷有限公司印装

(地址:宜兴市万石镇南漕河滨路 58 号　邮编:214217)

开本 787 mm×1 092 mm　1/16　印张 19　字数 483 千
2012 年 1 月第 1 版　2012 年 1 月第 1 次印刷
ISBN 978-7-81137-935-8　定价:35.00 元

《Photoshop CS5 图像处理实用教程》编委会

PREFACE 前 言

  Photoshop 在平面设计、网页设计、数码照片处理等诸多领域广泛应用,同时也是一个实践性和操作性很强的软件,用户在学习此软件时必须在练中学、学中练,这样才能够掌握具体的软件操作知识。

  本书共分 12 章,讲解了 Photoshop CS5 中文版的大部分实用知识,包括工作界面操作、图像的颜色设置、选区操作、图层的基础知识及高级操作、绘画及文本处理操作、图像的色调和色彩调整操作、通道与蒙版理论剖析与操作、滤镜和动作操作等内容。第 12 章是综合实例,通过练习这些案例,读者可融会贯通地理解章节所讲述的知识。Photoshop 是一个与艺术联系较紧密的软件,要想做出完美的效果需要不断提高自己的审美修养,学会在优秀作品中汲取设计精华。

  本书定位于 Photoshop 的初学者,从一个图像处理初学者的角度出发,合理安排知识点,并结合大量实例进行讲解,让读者尽快掌握最有用的知识,迅速成为图像处理高手。本书特别适合各类培训学校、大专院校和中职中专作为相关课程的教材使用,也可供图像处理的初中级计算机用户、平面设计人员和需要处理图像的人员作为参考书使用。

  限于水平与时间,本书不尽如人意之处,希望各位读者指正,笔者的 QQ:249573542,教学所用的 PPT 及教案等资料会放在 QQ 微博,敬请关注。

编 者

2011 年 12 月

目 录

第 1 章　基础操作

本章重点

　　通过本章学习,应掌握 Photoshop CS5 中的常用术语、概念及其主要功能,常用的图像模式及使用范围,能够区分"存储"、"存储为"和"存储为 Web 所用格式" 3 个关于存储的命令,能够区分并正确使用不同的图像格式,此外,Photoshop CS5 的预置文件也是学习过程中的重点和难点。

学习目的:

✓ 掌握 Photoshop CS5 中的常用术语、概念及其主要功能
✓ 掌握 Photoshop CS5 中常用的图像模式及其使用范围
✓ 掌握 Photoshop CS5 运行的系统要求和各项设置
✓ 熟悉 Photoshop CS5 的工作环境
✓ 熟练使用 Photoshop CS5 的预置文件
✓ 了解 Photoshop CS5 的应用领域

1.1　图像处理的基本概念

1.1.1　位图和矢量图

1. 位图

　　位图图像在技术上称为栅格图像,它使用像素来表现图像。选择"缩放工具" ![缩放工具图标],在视图中多次单击,将图像放大,可以看到图像是由一个个的像素点组成的,每个像素都具有特定的位置和颜色值。位图图像最显著的特征就是它们可以表现颜色的细腻层次。基于这一特征,位图图像被广泛用于照片处理、数字绘画等领域,如图 1.1 所示。

2. 矢量图

　　矢量图形也称为向量图形,是根据其几何特性来描绘图像的。矢量文件中的图形元素称为对象,每个对象都是一个自成一体的实体。使用"缩放工具" ![缩放工具图标]将图像不断放大,此时可看到矢量图形仍保持为精确、光滑的图形,如图 1.2 所示。

图 1.1

图 1.2

1.1.2　像素

在 Photoshop 中,像素(Pixel)是组成图像的最基本单元,它是一个小的矩形颜色块。一个图像通常由许多像素组成,这些像素被排成横行或纵列。当用"缩放工具" 🔍 将图像放到足够大时,就可以看到类似马赛克的效果,每一个小矩形块就是一个像素,也可称之为栅格,如图 1.3 所示。

图 1.3

1.1.3　分辨率

分辨率就是单位面积里的像素数量。如果图像面积相等,那么像素越多,图像就越清晰,图像质量就越高,分辨率的数值也就越高。

1. 图像分辨率

图像分辨率的单位是像素/英寸,即每英寸所包含的像素数量。如果图像分辨率是 72 像素/英寸,就是在每英寸长度内包含 72 个像素。图像分辨率越高,意味着每英寸所包含的像素越多,图像就有越多的细节,颜色过渡就越平滑。

图像分辨率和图像大小之间有着密切的关系。图像分辨率越高,所包含的像素越多,也就是图像的信息量越大,文件也就越大。通常文件的大小是以兆字节为单位的。

2. 显示器分辨率

显示器分辨率是通过像素大小来描述的。例如,如果显示器的分辨率与照片的像素大小相同,则按照 100% 的比例查看照片时,照片将填满整个屏幕。图像在屏幕上显示的大小取决于下列因素:图像的像素大小、显示器大小和显示器的分辨率设置。

在 Photoshop CS5 中,可以更改屏幕上的图像放大率,从而轻松处理任何像素大小的图像。

3. 打印机分辨率

打印机分辨率的测量单位是油墨点/英寸。一般来说,每英寸的油墨点越多,得到的打印输出效果就越好。大多数喷墨打印机的分辨率大约在 720 油墨点/英寸到 2880 油墨点/英寸之间(从技术上说,喷墨打印机将产生细微的油墨喷射痕迹,而不是像照排机或激光打印机一样产生实际的点)。

打印机的分辨率不同于图像分辨率,但与图像分辨率相关。要在喷墨打印机上打印出高质量的照片,图像分辨率至少应为 220 像素/英寸,才能获得较好的效果。

1.1.4　文件格式

根据不同的记录内容和压缩方式,图形图像也有不同的文件格式。不同的文件格式具有不同的文件扩展名。每种格式的图形图像文件都有不同的特点、背景和应用的范围。下面介绍几种常用的图像文件格式。

1. Photoshop 格式(简称为 PSD 格式)

对于新建的图像文件,Adobe 公司提供的 Photoshop 格式是默认的格式,也是唯一可支持所有图像模式的格式,包括位图、灰度、双色调、索引颜色、RGB、CMYK、Lab 和多通道模式等。

Photoshop 格式的缩写是 PSD,它可以支持所有 Photoshop 的特性,包括 Alpha 通道、专色通道、多种图层、剪贴路径,以及任何一种色彩深度或任何一种色彩模式。它是一种常用工作状态的格式,可以包含所有的图层和通道的信息,可随时进行修改和编辑。

2. Photoshop EPS 格式

EPS 是 Encapsulated PostScript 的首字母缩写。EPS 格式可以说是一种通用的行业标准格式,可同时包含像素信息和矢量信息。除了多通道模式的图像之外,其他模式都可存储为 EPS 格式,但是它不支持 Alpha 通道。EPS 格式可以制作"剪贴路径",在排版软件中可以产生镂空或蒙版效果。EPS 格式衍生的另外一个格式是 DCS,DCS2.0 可以支持专色通道,但只支持 CMYK 和多通道模式,和 EPS 格式一样,它也支持剪贴路径。如果图像需要印刷输出,切记输出前在"图像"→"模式"菜单中将图像的 RGB 模式转换为 CMYK 模式,否则图像就不会正常地被分色输出。

3. Photoshop DCS 格式

DCS 是 DeskTop Color Separation 的首字母缩写,只有在图像是 CMYK 模式和多通道模式时,才可存储为 DCS 格式。

DCS 格式分为 DCS1.0 和 DCS2.0 两种。

当储存为 DCS1.0 格式时,在桌面上会有 5 个文件图标,缺一不可,它们分别相当于"通道"面板中的 4 个颜色通道和 1 个合成通道。当将其置入到排版软件中时,只需要置入合成通道对应的预览图像即可。

当储存为 DCS2.0 格式时,可生成 5 个文件,也可生成一个单独的文件,并且可选择不同的预览图像。DCS2.0 格式可保留专色通道。

4. JPEG 格式

JPEG 是一种图像压缩格式。支持 CMYK、RGB 和灰度颜色模式,但不支持透明度。与 GIF 格式不同,JPEG 保留 RGB 图像中的所有颜色信息,并通过有选择地扔掉数据来压缩文件大小。JPEG 图像在打开时自动解压缩,压缩级别越高,得到的图像品质越低;压缩级别越低,得到的图像品质越高。在大多数情况下,"最佳"品质选项产生的结果与原图像几乎无分别。

5. BMP 格式

BMP 是 DOS 和 Windows 兼容计算机上的标准 Windows 图像格式。BMP 格式支持 RGB、索引颜色、灰度和位图颜色模式。可以指定 Windows 或 OS/2 格式和 8 位/通道的位深度。对于使用 Windows 格式的 4 位和 8 位图像,还可以指定 RLE 压缩。

6. TIFF 格式

TIFF 是一种灵活的位图图像格式,受几乎所有的绘画、图像编辑和页面排版应用程序的支持。而且,几乎所有的桌面扫描仪都可以产生 TIFF 图像。TIFF 文档的最大文件可达 4 GB。Photoshop CS5 及其更高版本支持以 TIFF 格式存储的大型文档。

TIFF 格式支持具有 Alpha 通道的 CMYK、RGB、Lab、索引颜色和灰度颜色模式图像,以及没有 Alpha 通道的位图模式图像。

Photoshop CS5 可以在 TIFF 文件中存储图层,但是,如果在另一个应用程序中打开该文件,则只有拼合图像是可见的。

Photoshop CS5 也能够以 TIFF 格式存储注释、透明度和多分辨率金字塔数据。

在 Photoshop CS5 中, TIFF 图像文件的位深度为 8 位通道、16 位通道或 32 位/通道。可以将高动态范围图像存储为 32 位/通道 TIFF 文件。

7. IFF 格式

IFF 格式是一种通用的数据存储格式,可以关联和存储多种类型的数据。IFF 是一种便携格式,它用于存储静止图片、声音、音乐、视频和文本数据等多种扩展名的文件。IFF 格式包括 Maya IFF 和 IFF(以前为 Amiga IFF)。

8．GIF 格式

GIF（图形交换格式）是在 World Wide Web 及其他联机服务上常用的一种文件格式，用于显示超文本标记语言（HTML）文档中的索引颜色图形和图像。GIF 是一种用 LZW 压缩的格式，目的在于最小化文件大小和电子传输时间。GIF 格式保留索引颜色图像中的透明度，但不支持 Alpha 通道。

1.2 认识界面

1.2.1 界面概述

双击 Windows 桌面上的 Photoshop CS5 启动图标，即可启动 Photoshop CS5。然后打开一幅图像文件，此时中文 Photoshop CS5 工作界面如图 1.4 所示。

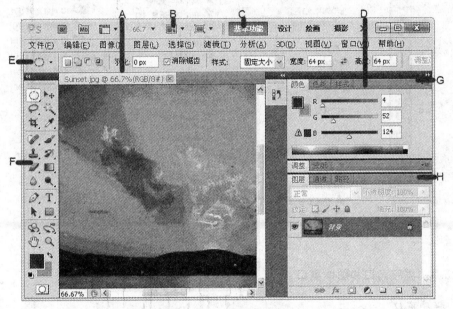

A—选项卡式文档窗口　B—应用程序栏　C—工作区切换器　D—面板标题栏　E—控制面板
F—工具箱　G—"折叠为图标"按钮　H—垂直停放的面板组

图1.4

可以看出它是一个标准的 Windows 窗口，可以对它进行移动、调整大小、最大化、最小化和关闭等操作。Photoshop CS5 工作界面由标题栏、菜单栏、工具箱、选项栏、画布窗口和各种面板等组成。

1.2.2 工具面板和工具选项栏

启动 Photoshop CS5 时，工具面板将显示在屏幕左侧。工具面板中的某些工具会在上下文相关选项栏中提供一些选项。通过这些工具，用户可以输入文字、选择、绘画、绘制、编辑、移动、注释和查看图像，或对图像进行取样。还可以更改前景色/背景色，转到 Adobe Online，以及在不同的模式中工作。此外，可以展开某些工具以查看它们后面的隐藏工具，工具图标右下角的小三角形即表示存在隐藏工具,如图1.5所示。

工具箱概览

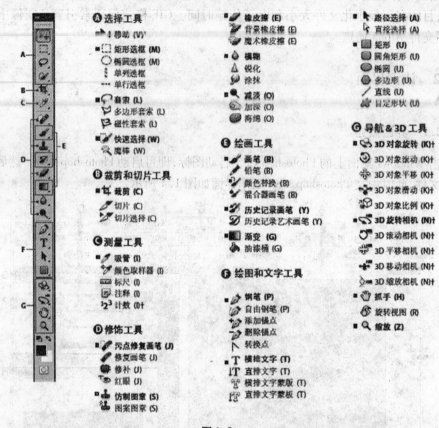

图1.5

1.2.3 程序窗口和图像窗口

1. 程序窗口

可以使用各种元素(如面板、栏以及窗口)来创建和处理文档与文件。这些元素的排列方式称为工作区,也就是程序窗口。不同应用程序的工作区具有相同的外观,因此用户可以在应用程序之间轻松切换,也可以通过从多个预设工作区中进行选择或创建自己的工作区来调整各个应用程序,以适合用户的工作方式,如图1.6所示。

虽然不同版本中的默认程序窗口布局不同,但是对其中元素的处理方式基本相同。

图 1.6

2. 图像窗口

图像窗口是用来显示图像、绘制图像和编辑图像的窗口,它是一个标准的 Windows 窗口,如图 1.7 所示。用户可以对它进行移动、调整大小、最大化、最小化和关闭等操作。图像窗口标题栏内的图标 Ps 右边显示出当前图像文件的名称、显示的比例、当前图层的名称和颜色模式等信息。将鼠标指针移到图像窗口的标题栏时,会显示打开图像的路径和文件名称等信息。

图 1.7

1.2.4 菜单

菜单栏在标题栏的下边。菜单栏有 11 个主菜单选项,如图 1.8 所示。

将鼠标放在主菜单选项上,会出现它的子菜单。单击菜单之外的任何地方或按 < Esc > 键、< Alt > 键、< F10 > 键,就可以关闭已打开的菜单。菜单的形式与其他 Windows 软件的菜单形式相同,都遵循相同的约定。例如,菜单选项名右边是组合按键名称;菜单名右边有省略号"...",则表示单击该菜单命令后会出现一个对话框等。

文件(F)	编辑(E)	图像(I)	图层(L)	选择(S)	滤镜(T)	分析(A)	3D(D)	视图(V)	窗口(W)	帮助(H)

图 1.8

1.2.5　面板

面板是非常重要的图像处理辅助工具,在 Photoshop CS5 中有很多浮动的面板,以方便进行图像的各种编辑和操作。这些面板均列在窗口菜单下。在后面的章节中将会详细介绍。

浮动面板指的是打开 Photoshop CS5 软件后,在此桌面上可以移动、关闭的各种控制面板。

除了前面讲过的工具箱以及和工具配合使用的选项栏以外,Photoshop CS5 还有其他的浮动面板,如历史记录面板、字符面板、画笔面板、图层面板等。当按 <Tab> 键时,可将包括工具箱在内的所有面板关闭;再按 <Tab> 键,可恢复为关闭前的状态。如果在按住 <Shift> 键的同时按 <Tab> 键,就会关闭除了工具箱以外的其他面板。

Photoshop 软件本身将不同的面板进行了分组,用户也可以根据自己的工作习惯进行重新编排。在默认情况下,Photoshop CS5 重新启动后会记得上次退出时所有面板的位置。

在"窗口"菜单下可看到由横线将面板分为几组,在默认状态下,每组面板都是在一个面板组中组合出现的,如图 1.9 所示的就是"导航器"、"直方图"及"信息"的组合面板。在组合面板中,名称标签的颜色呈白色,表示是当前显示的面板。图 1.9 中,"信息"面板即是当前显示的面板。单击"导航器"标签,就可使"导航器"成为当前面板。

"窗口"菜单下包含很多命令,如图 1.10 所示,前面有对勾的表示已选中的命令,面板已在桌面上显示;再次单击命令,前面的对勾消失,表示面板关闭。

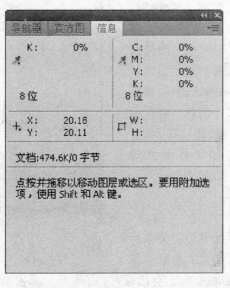

图 1.9

图 1.10

1.2.6　状态栏

状态栏位于每个文档窗口的底部,显示诸如现用图像的当前放大率和文件大小等有用的信息,以及有关使用现用工具的简要说明。如果启用了 Version Cue,状态栏还会显示 Version Cue 信息,如图 1.11 所示。

注:用户还可以查看已添加到文件的版权和作者身份信息。该信息包括标准文件信息和 Digimarc 水印。Photoshop CS5 使用 Digimarc 读取水印增效工具自动扫描打开的图像以查找水印。如果检测到水印,Photoshop CS5 会在图像窗口的标题栏中显示版权符号,并更新"文件简介"对话框中的版权字段。

图 1.11

具体步骤如下:

(1) 单击文档窗口底部边框中的三角形。

(2) 从弹出式菜单中选取一个查看选项:如果启用了 Version Cue,可从"显示"子菜单中选取。

● Version Cue:显示文档的 Version Cue 工作组状态,如已打开、未纳入管理、未存储等。只有在启用了 Version Cue 时,此选项才可用。

● 文档大小:有关图像中的数据量的信息。左边的数字表示图像的打印大小,它近似于以 Adobe Photoshop CS5 格式拼合并存储的文件大小。右边的数字指明文件的近似大小,其中包括图层和通道。

● 文档配置文件:图像所使用颜色配置文件的名称。

● 文档尺寸:图像的尺寸。

● 测量比例:文档的比例。

● 暂存盘大小:有关用于处理图像的 RAM 量和暂存盘的信息。左边的数字表示当前正由程序用来显示所有打开的图像的内存量,右边的数字表示可用于处理图像的总 RAM 量。

● 效率:执行操作实际所花时间的百分比,而非读写暂存盘所花时间的百分比。如果此值低于 100% ,则 Photoshop CS5 正在使用暂存盘,因此操作速度会较慢。

● 计时:完成上一次操作所花的时间。

● 当前工具:现用工具的名称。

● 32 位曝光:用于调整预览图像,以便在计算机显示器上查看 32 位/通道高动态范围(HDR)图像的选项。只有当文档窗口显示 HDR 图像时,该滑块才可用。

单击状态栏的文件信息区域可以显示文档的宽度、高度、通道和分辨率。按住 < Ctrl > 键(Windows)或 < Command > 键(MacOS)单击可以显示宽度和高度。

1.2.7 预设管理器

执行"编辑"→"预设管理器"命令,弹出"预设管理器"对话框,如图 1.12 所示。使用"预设管理器"可以管理画笔、色板、渐变、样式、图案、等高线、自定形状和工具的预设库。这使用户可以很容易重复使用或共享预设库文件。每种类型的库均有自己的文件扩展名和默认文件夹。默认预设是可以恢复的。

注意,不能使用"预设管理器"创建新的预设,因为每个预设都是在各自类型的编辑器内创建的。"预设管理器"可以创建由多个单个类型的预设组成的库。

任何新的预设画笔以及色板等都自动显示在"预设管理器"中。在将其存储到预设库之前,应先将新画笔和色板等存储在预置文件中,以便在编辑过程中继续使用。若要将新项目永久存储为预设,则需要将其存储在创建它的编辑器中。否则,如果创建了新库,或替换了(而不是追加)一个同类型的新库,该项目将会丢失。

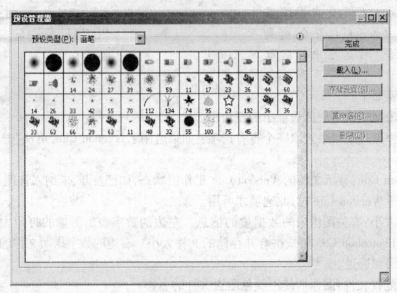

图 1.12

1.2.8 首选项

许多程序设置都存储在 Photoshop CS5 Prefs 文件中,其中包括常规显示选项、文件存储选项、性能选项、光标选项、透明度选项、文字选项以及增效工具和暂存盘选项。其中大多数选项都是在"首选项"对话框中设置的。每次退出应用程序时都会存储首选项设置。

如果出现异常现象,可能是因为首选项已损坏。如果怀疑首选项已损坏,可将首选项恢复为默认设置。

1. 使用"首选项"

(1) 选择"编辑"→"首选项"命令,然后从子菜单中选择所需的首选项组,如图 1.13 所示。

(2) 如果要在不同的首选项组之间切换,请执行下列操作之一:

图 1.13

A. 从"首选项"对话框左侧的菜单中选择相应的首选项组(图 1.14)。

B. 单击对话框右上方"下一个"按钮,显示列表中的下一个首选项组;单击"上一个"按钮,显示上一个组。

2. 将所有首选项都恢复为默认设置

执行下列操作之一：

（1）启动 Photoshop CS5 时按住 < Alt > + < Ctrl > + < Shift > 组合键，将提示用户删除当前的设置。

（2）（仅 Mac OS）打开"Library"文件夹中的"Preferences"文件夹，并将"Adobe Photoshop CS5 Settings"文件夹拖动到"废纸篓"中。

（3）下次启动 Photoshop CS5 时，创建新的首选项文件。

3. 禁用和启用警告消息

有时用户会看到一些包含警告或提示的信息。通过选择信息中的"不再显示"选项，可以禁止显示这些信息，也可以在全局范围内重新显示所有已被禁止显示的信息。

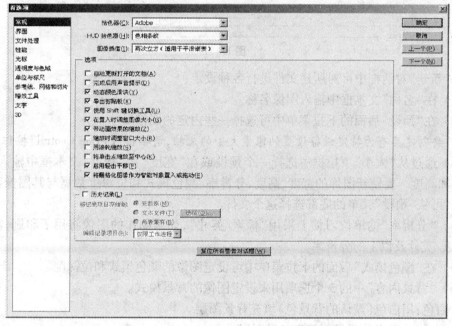

图 1.14

要启用警告消息，操作步骤如下：

（1）选取"编辑"→"首选项"→"常规"。

（2）单击"复位所有警告对话框"按钮，再单击"确定"按钮。

1.3 文件的基本操作

1.3.1 新建文档

执行"文件"→"新建"命令，可弹出"新建"对话框，如图 1.15 所示。

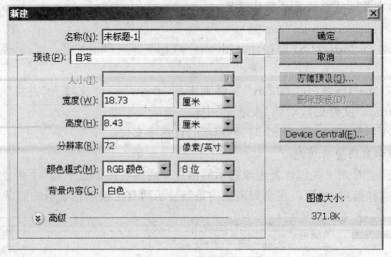

图 1.15

在"新建"对话框中可对所建文件进行各种设定：

(1) 在"名称"文本框中输入图像名称。

(2) 在"预设"后面的下拉菜单中可选择一些内定的图像尺寸。

注：要创建具有为特定设备设置的像素大小的文档，请单击"Device Central"按钮。

(3) 通过从"大小"下拉框中选择一个预设或在"宽度"和"高度"文本框中输入值，设置宽度和高度。要使新图像的宽度、高度、分辨率、颜色模式和位深度数据与其图像数据完全匹配，可从"预设"菜单的底部选择这个文件。

(4) "分辨率"的单位习惯上采用"像素/英寸"，如果制作的图像将用于印刷，需设定300 像素/英寸及以上的分辨率。

(5) 在"颜色模式"后面的下拉菜单中可设定图像的颜色模式和位深度。

(6) "背景内容"中的 3 个选项用来设定图像的背景模式。

● 白色：用白色(默认的背景色)填充背景图层。

● 背景色：用当前背景色填充背景图层。

● 透明：使第一个图层透明，没有颜色值。最终的文档内容将包含单个透明的图层。

(7) 必要时，可单击"高级"按钮以显示更多选项。

在"高级"下，选取一个颜色配置文件，或选取"不要对此文档进行色彩管理"。对于"像素长宽比"，除用于视频的图像时用此选项，否则选取"方形像素"。对于视频图像，请选择其他选项以使用非方形像素。

(8) 完成设置后，单击"存储预设"，将这些设置存储为预设，或单击"确定"以打开新文件。

1.3.2　打开文档

执行"文件"→"打开"命令，弹出"打开"对话框，如图 1.16 所示，选中要打开的文件，单击"打开"按钮，就可将此文件打开。

图 1.16

在"文件类型"下拉框中选中"所有格式",在对话框中会出现当前文件夹中的所有文件,当选择具体格式时,在对话框中会列出当前文件格式的所有文件。

除了"打开"命令之外,还有另外两种打开图像的方法。如果是 Photoshop CS5 产生的图像,直接用鼠标双击文件图标就可将其打开。将图像的图标拖到 Photoshop CS5 软件图标上,图像也可被打开。

执行"文件"→"最近打开文件"命令,从子菜单中选择一个文件并将其打开。若要指定在"最近打开文件"子菜单中可能用的文件数,执行"编辑"→"首选项"→"文件处理"命令,并在弹出的对话框的最下端"近期文件列表包含"文本框中输入可能用的文件数即可。

1.3.3　保存文档

Photoshop CS5 支持很多的文件格式。可将文件存储为它们中的任何一种格式,或按照不同的软件要求将其存储为相应的文件格式后置入到排版软件或图形软件中。

在"文件"菜单下有"存储"、"存储为"和"存储为 Web 所用格式"3 个关于存储的命令。

1. 存储

"存储"命令是将文件存储为原来的文件格式,并将原文件替换掉。在图像编辑后有了图层等内容后,执行"存储"命令默认以 PSD 格式存储文件。因此,要使修改后的文件替换掉原来的文件,就要选择"存储"命令。

2. 存储为

"存储为"命令是以不同的位置或文件名存储图像。在 Photoshop CS5 中,"存储为"命令可以用不同的格式和不同的选项存储图像。执行"存储为"命令后,会弹出"存储为"对话框,如图 1.17 所示。

图 1.17

其中各项存储选项设置介绍如下：

● 作为副本：此选项可存储原文件的一个副本，并保持原文件的打开状态，原文件不受任何影响。选择此选项后，名称后面会自动加上"副本"字样，这样原文件就不会被替换。

● Alpha 通道：用于将 Alpha 通道信息与图像一起存储。不选择该选项可将 Alpha 通道从存储的图像中删除。

● 图层：用于保留图像中的所有图层。如果该选项被禁用或不可用，则所有的可视图层将合并为背景层（取决于所选的格式）。

● 注释：可将注释与图像一起存储。

● 专色：可将专色通道信息与图像一起存储。不选中该选项可将专色从已存储的图像中删除。

● 使用校样设置（只适用于 PDF、EPS、DCS1.0 和 DCS2.0 文件格式）：可将文件的颜色转换为校样色彩描述文件空间，对于创建用于打印的输出文件很有用。

● ICC 配置文件：只适用于 Photoshop CS5 的格式（PSD）以及 PDF、JPEG、TIFF、EPS、DCS 和 PICT 格式。

3. 存储为 Web 和设备所用格式

Photoshop CS5 提供了最佳处理网页图像文件的工具与方法。执行"文件"→"存储为 Web 和设备所用格式"命令，如图 1.18 所示，弹出"存储为 Web 和设备所用格式"对话框，可利用这个对话框完成 JPEG、GIF、PNG-8、PNG-24 和 WBMP 文件格式的最佳存储。

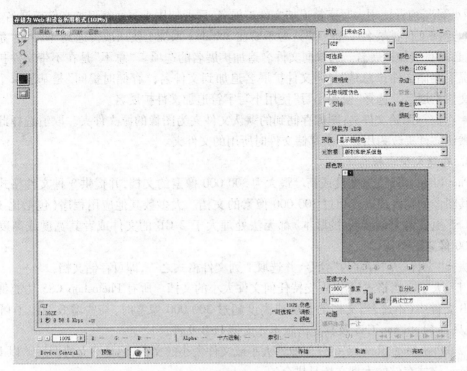

图 1.18

4. 文件存储的设定

选取"编辑"→"首选项"命令,打开"首选项"对话框,选择"文件处理",如图 1.19 所示。

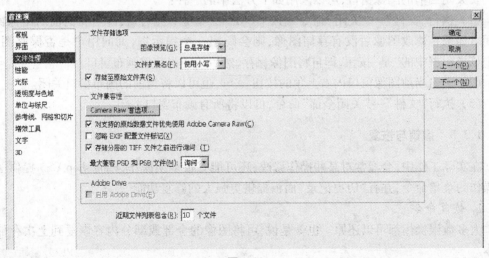

图 1.19

在其中可设置以下选项:

● 图像预览:为存储图像预览选取选项。"总不存储"为存储文件时不带预览;"总是存储"为与指定的预览一起存储文件;"存储时提问"为基于每个文件指定预览。

● 文件扩展名(Windows):针对指明文件格式的文件扩展名选取选项。"使用大写"或

"使用小写",前者使用大写字符追加文件扩展名,后者使用小写字符追加文件扩展名。

● 追加文件扩展名（Mac OS）:对于要在 Window 系统上使用或传递到 Window 系统的文件,必须有文件扩展名。选取向文件名追加扩展名的选项。"总不"是在不带文件扩展名的情况下存储文件;"总是"是将文件扩展名追加到文件名;"存储时提问"是基于每个文件追加文件扩展名。选择"使用小写"使用小写字符追加义件扩展名。

● 存储至原始文件夹:图像存储到的默认文件夹为图像的源文件夹。取消选择此选项可将默认文件夹改为用户上次存储文件时所用的文件夹。

5. 存储大型文档

Photoshop CS5 支持宽度或高度最大为 300 000 像素的文档,并提供 3 种文件格式用于存储其图像的宽度或高度超过 300 000 像素的文档。大多数其他应用程序(包括比 Photoshop CS5 更低的 Photoshop 的版本)都无法处理大于 2 GB 的文件或者其宽度或高度超过 300 000 像素的图像。

执行"文件"→"存储为"命令,并选取下列文件格式之一,即可存储文档:

（1）大型文档格式(PSB):支持任何文件大小的文档。所有 Photoshop CS5 功能都保留在 PSB 文件中(不过,当文档的宽度或高度超过 300 000 像素时,某些增效滤镜不可用)。目前,只有 Photoshop CS5 及其更高版本才支持 PSB 文件。

（2）Photoshop Raw:支持任何像素大小或文件大小的文档,但是不支持图层。以 Photoshop Raw 格式存储的大型文档是拼合的。

（3）TIFF:支持最大为 4 GB 的文件。超过 4 GB 的文档不能以 TIFF 格式进行存储。

1.3.4　关闭文档

要关闭当前的图像窗口,可以采用如下方法中的一种:

（1）执行"文件"→"关闭"命令或按 < Ctrl > + < W >组合键,即可将当前的图像窗口关闭。如果在修改图像后没有存储图像,则会跳出一个提示框,询问用户是否保存图像。单击该提示框中的"是"按钮,即可将图像保存,然后关闭当前的画布窗口。

（2）单击当前图像窗口内右上角的按钮 ❎ ,也可以将当前的画布窗口关闭。

（3）执行"文件"→"关闭全部"命令,可以将所有画布窗口关闭。

1.3.5　撤销与恢复

在实际工作中,会经常对某些操作修改,还可能有很多误操作,Photoshop CS5 提供了还原操作的菜单命令,并有"历史记录"面板提供更强大的修复功能。

1. 恢复命令

大多数误操作都可以还原。也就是说,可将图像的全部或部分内容恢复到上次存储的版本。

使用还原命令可执行"编辑"→"还原"命令。如果操作不能还原,则"还原"命令呈灰色。

恢复到上次存储的版本:执行"文件"→"恢复"命令。"恢复"操作将作为历史记录状态添加到历史记录面板中,并且可以还原。

2. 恢复到前一个图像状态

（1）直接单击前一个图像状态的名称。

（2）从"历史记录"面板或"编辑"菜单中选择"前进一步"或者"后退一步"，以便移动到下一个或前一个状态。

3. 使用"历史记录"面板

可以使用"历史记录"面板在当前工作会话期间跳转到所创建图像的任 最近状态。每次对图像应用更改时，图像的新状态都会添加到该面板中。

例如，用户对图像局部执行选择、绘画和旋转等操作时，每一种状态都会单独在面板中列出。当用户选择其中某个状态时，图像将恢复为第一次应用该更改时的外观。然后用户就可以从该状态开始工作。也可以使用"历史记录"面板来删除图像状态，并且还可以依据某个状态或快照使用该面板创建文档。要显示"历史记录"面板，执行"窗口"→"历史记录"命令，或单击"历史记录"面板选项卡即可，如图 1.20 所示。

A—设置历史记录画笔的源
B—快照缩览图
C—历史记录状态
D—历史记录状态滑块

图 1.20

在使用"历史记录"面板时，须记住以下几点：

（1）程序范围内的更改（如对"面板"、"颜色设置"、"动作"和"首选项"的更改）不是对某个特定图像的更改，因此此不会反映在"历史记录"面板中。

（2）默认情况下，"历史记录"面板将列出之前操作的 20 个状态。可以通过设置首选项来更改记录的状态数。较早的状态会被自动删除，以便为 Photoshop CS5 释放出更多的内存。如果要在整个工作会话过程中保留某个特定的状态，可为该状态创建快照。

（3）关闭并重新打开文档后，将从面板中清除上一个工作会话中的所有状态和快照。

（4）默认情况下，面板顶部会显示文档初始状态的快照。

（5）状态将被添加到列表的底部。也就是说，最初的状态在列表的顶部，最新的状态在列表的底部。

（6）每个状态都会与更改图像所使用的工具或命令的名称一起列出。

（7）默认情况下，当选择某个状态时，它下面的各个状态均呈灰色。这样，很容易就能看出所选定的状态。

（8）默认情况下，选择一个状态然后更改图像将会消除后面的所有状态。

（9）如果选择一个状态，然后更改图像，致使以后的状态被消除，可使用"还原"命令来还原上一步更改并恢复消除的状态。

（10）默认情况下，删除一个状态将删除该状态及其后面的状态。如果选取了"允许非线性历史记录"选项，那么删除一个状态的操作将只会删除该状态。

4. 设置历史记录选项

用户可以指定要包括在"历史记录"面板中的最大项目数，并设置其他选项来自定义面板。

（1）从"历史记录"面板菜单中选取"历史记录选项"，弹出对话框如图1.21所示。

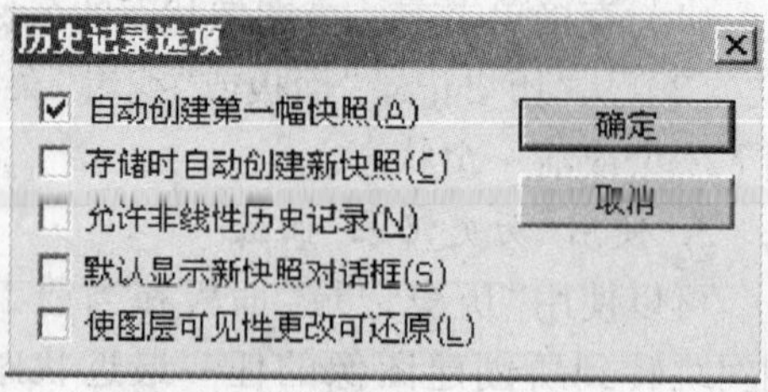

（2）选择选项。

● 自动创建第一幅快照：在打升文档时自动创建图像初始状态的快照。

● 存储时自动创建新快照：每次存储时都生成一个快照。

图1.21

● 允许非线性历史记录：对选定状态进行更改，而不会删除它后面的状态。通常情况下，选择一个状态并更改图像时，所选状态后面的所有状态都将被删除。"历史记录"面板将按照所做编辑步骤的顺序来显示这些步骤的列表。通过以非线性方式记录状态，可以选择某个状态，更改图像并且只删除该状态。更改将附加到列表的结尾。

● 默认显示新快照对话框：强制 Photoshop CS5 提示用户输入快照名称，即使在用户使用面板上的按钮时也是如此。

● 使图层可见性更改可还原：默认情况下，不会将显示或隐藏图层记录为历史步骤，因而无法将其还原。选择此选项可在历史步骤中包括图层可见性更改。

5. 设置编辑历史记录选项

有时出于乙方、客户方面或法律方面的考虑，需要将对文件所做的操作详细记录在 Photoshop CS5 中。"编辑历史记录日志"可帮助用户保留一份对图像所做更改的文本历史记录。可以使用 Adobe Bridge 或"文件简介"对话框来查看"编辑历史记录日志"元数据。

既可以选择将文本导出为外部日志文件，也可以将信息存储在所编辑的文件的元数据中。将许多编辑操作存储为文件元数据会使文件变大；此类文件可能要花比平常更长的时间来打开和存储。

默认情况下，每个会话的历史记录数据都将存储为嵌入在图像文件中的元数据。您可以指定将历史记录数据存储的位置，以及历史记录中所包含信息的详细程度。

（1）选择"编辑"→"首选项"命令，选择"常规"，如图1.22所示。

（2）单击"历史记录"复选框，可从启用状态切换到禁用状态，反之亦然。

（3）对于"将记录项目存储到"选项，请选择下列之一：

● 元数据：将历史记录存储为嵌入在每个文件中的元数据。

● 文本文件：将历史记录导出为文本文件。将提示用户为文本文件命名，并选择文件的存储位置。

● 两者兼有：将元数据存储在文件中，并创建一个文本文件。

注：如果要将文本文件存储在其他位置或另存为其他文件，单击"选取"按钮，指定存储文本文件的位置，为文件命名（如有必要），然后单击"保存"。

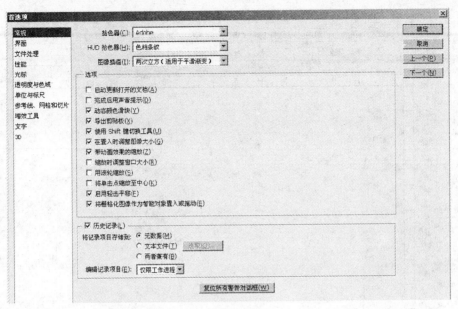

图 1.22

（4）从"编辑记录项目"下拉框中选择以下选项之一，如图 1.23 所示。

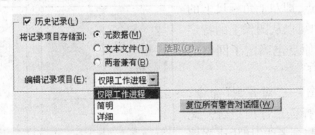

图 1.23

● 仅限工作进程：保留每次启动或退出 Photoshop CS5 以及每次打开和关闭文件的记录（包括每个图像的文件名）。不包括任何有关对文件所做编辑的信息。

● 简明：除"会话"信息外，还包括出现在"历史记录"面板中的文本。

● 详细：除"简明"信息外，还包括出现在"动作"面板中的文本。如果需要对文件做出所有更改的完整历史记录，可选择此选项。

1.4　使用辅助工具

1.4.1　标尺

标尺可帮助用户精确定位图像或元素。如果显示标尺，标尺会出现在现用窗口的顶部和左侧，如图 1.24 所示。当用户移动指针时，标尺内的标记会显示指针的位置。要显示或隐藏标尺，请选择"视图"→"标尺"。

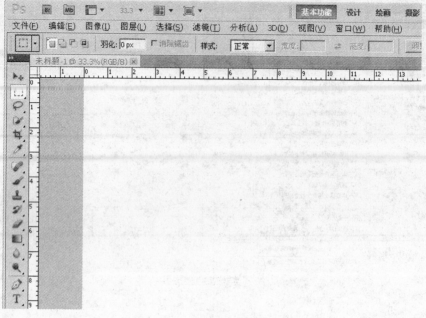

图 1.24

若更改标尺原点,即左上角标尺上的(0,0)标志,使用户可以从图像上的特定点开始度量。标尺原点也确定了网格的原点。更改步骤如下:

(1)选择"视图"→"对齐到"命令,然后从子菜单中选择任意选项组合。此操作会将标尺原点与参考线、切片或文档边界对齐,也可以与网格对齐。

(2)将指针放在窗口左上角标尺的交叉点上,然后沿对角线向下拖移到图像上,可看到一组十字线,它们标出了标尺上的新原点,如图 1.25 所示。

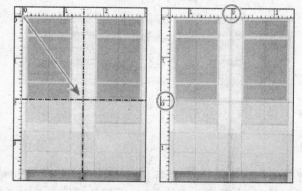

图 1.25

(3)若要将标尺的原点复位到其默认值,双击标尺的左上角即可。

1.4.2 参考线

参考线可帮助用户精确地定位图像或元素。参考线显示为浮动在图像上方的一些不打印出来的线条。参考线可以移动或移去,还可以锁定,以防意外移动。

若要显示或隐藏参考线,执行"视图"→"显示"→"参考线"命令即可。

1. 置入参考线

(1)如果看不到标尺,执行"视图"→"标尺"命令。

注:为了得到最准确的读数,请按 100%的放大率查看图像或使用信息面板。

(2)可通过执行以下操作之一来创建参考线,如图 1.26 所示。

A. 执行"视图"→"新建参考线"命令。在对话框中,选择"水平"或"垂直"方向,并输入位置,然后单击"确定"按钮。

B. 通过拖移水平标尺以创建水平参考线。

C. 按住 < Alt > 键,然后通过拖动垂直标尺以创建水平参考线。

D. 通过拖动垂直标尺以创建垂直参考线。

E. 按住 < Alt > 键,然后通过拖动水平标尺以创建垂直参考线。

F. 按住 < Shift > 键并通过拖动水平或垂直标尺以创建与标尺刻度对齐的参考线。

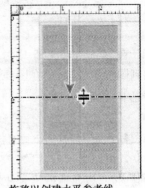

拖移以创建水平参考线

图 1.26

拖动参考线时,鼠标指针变为双向箭头。

(3) 如果要锁定所有参考线,执行"视图"→"锁定参考线"命令即可。

2. 移动参考线

(1) 选择"移动工具",或按住 < Ctrl > 键以启动移动工具。

(2) 将鼠标指针放置在参考线上(鼠标指针会变为双向箭头)。

(3) 可按照下列任意方式移动参考线:

A. 拖移参考线以移动它。

B. 单击或拖动参考线时按住 < Alt > 键,可将参考线从水平改为垂直,或从垂直改为水平。

C. 拖动参考线时按住 < Shift > 键,可使参考线与标尺上的刻度对齐。如果网格可见,并执行"视图"→"对齐到"→"网格"命令,则参考线将与网格对齐。

3. 从图像中移去参考线

若要移去一条参考线,可将该参考线拖移到图像窗口之外;若要移去全部参考线,可选择"视图"菜单中的"清除参考线"命令。

1.4.3　智能参考线

智能参考线可以帮助对齐形状、切片和选区。当绘制形状或创建选区、切片时,智能参考线会自动出现。如果需要可以隐藏智能参考线。

要显示或隐藏智能参考线,执行"视图"→"显示"→"智能参考线"命令即可。

1.4.4　网格

利用网格可精确地定位图像或元素,对于对称排列图像很有用。网格在默认情况下显示为不打印出来的线条,但也可以显示为点,如图 1.27 所示。

若要显示或隐藏网格,执行"视图"→"显示"→"网格"命令即可。

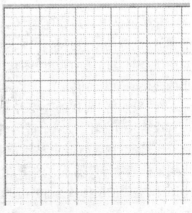

图 1.27

1.4.5　注释工具

在 Photoshop CS5 中可以将文字注释或语音注释附加到图像上,这对于在图像中加入评论、制作说明或其他信息非常有用。

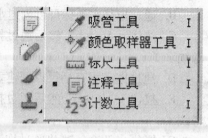

文字注释或语音注释在图像上都显示为不可打印的小图标。它们与图像上的位置相关联,而不是与图层相关联。可以显示或隐藏注释,打开文字注释并查看或编辑其内容,以及播放语音注释,也可以将语音注释添加到操作中,并将其设置为在操作执行或暂停期间播放,如图1.28 所示测量工具组中第四个即为“注释工具”。

图 1.28

1.5　文档导航

1.5.1　缩放工具和抓手工具

1. 缩放工具

“缩放工具” 可以起到放大或缩小图像的作用。在工具箱中选择“缩放工具”时,光标在画面内显示为一个带加号的放大镜 ,使用这个放大镜单击图像,即可实现图像的成倍放大。而按住 < Alt > 键使用“缩放工具”时,光标显示为一个带减号的缩小镜 ,单击可实现图像的成倍缩小。

2. 抓手工具

当图像较大或显示比例较大时,图像窗口不能完全显示整幅画面,这时可以使用“抓手工具” 来拖动画面,以卷动窗口来显示图像的不同部位。当然,也可以通过窗口右侧及下方的滑轨和滑块来移动画面的显示内容。

按住空格键可实现“抓手”工具的临时切换。

1.5.2　导航器

导航器是用来观察图像的,可方便地进行图像的缩放(此处的缩放是指将图像放大或缩小以方便对图像全部及局部的观察,图像本身并没有发生大小的变化或像素的增减)。

在“导航器”面板的左下角显示有百分比数字,可直接输入百分比,按回车键后,图像就会按输入的百分比显示,在导航器中显示出相应的预览图。也

图 1.29

可用鼠标拖动导航器下方的三角滑块来改变缩放的比例,滑动栏的两边有两个形状像山的小图标,左侧的图标较小,单击此图标可使图像缩小显示,单击右侧的图标可使图像放大显示。

单击“导航器”面板右上角的三角按钮 ,在弹出菜单中执行“面板选项”命令,弹出

"面板选项"对话框,在其中可定义显示框的颜色,在"导航器"面板的预览图中可看到显示框表示图像的观察范围,默认显示框的颜色是浅红色。在"面板选项"对话框中,用鼠标单击色块就会弹出拾色器,选择颜色后将其关闭,在色块中会显示所选的颜色。另外,也可从"颜色"选项弹出的菜单中,选择软件已经设置的其他颜色。

1.5.3 旋转视图工具

使用"旋转视图工具"可以在不破坏图像的情况下旋转画布,使用该工具不会使图像变形。"旋转视图工具"很实用,能使绘画或绘制更加省事,如图1.30所示。也可以在具有Multi-Touch触控板的MacBook计算机上使用"旋转视图工具"。

图1.30

可执行下列任一操作:

(1)选择"旋转视图工具",然后单击并拖动图像,使其旋转。无论当前画布是什么角度,图像中的罗盘都将指向北方。

(2)选择"旋转视图工具",在"旋转角度"字段中输入数值(以指示变换的度数)。

(3)选择"旋转视图工具",单击或按住鼠标并来回拖动以设置"视图"控件的"设置旋转角度"。

要将画布恢复到原始角度,单击"复位视图"即可。

1.6 屏幕模式

屏幕模式是指将图像在整个屏幕上查看,隐藏菜单栏、标题栏和滚动条。

可执行下列任一操作:

(1)要显示默认模式(菜单栏位于顶部,滚动条位于侧面),执行"视图"→"屏幕模式"→"标准屏幕模式";或单击应用程序栏上的"屏幕模式"按钮,并从弹出式菜单中选择"标准屏幕模式",如图1.31所示。

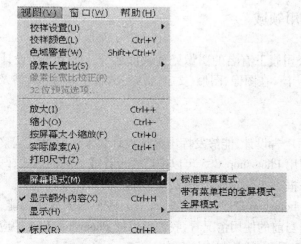

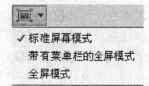

图1.31

（2）要显示带有菜单栏和 50% 灰色背景，但没有标题栏和滚动条的全屏窗口，选择"视图"→"屏幕模式"→"带有菜单栏的全屏模式"；或单击应用程序栏上的"屏幕模式"按钮，并从弹出式菜单中选择"带有菜单栏的全屏模式"。

（3）要显示只有黑色背景的全屏窗口（无标题栏、菜单栏或滚动条），选择"视图"→"屏幕模式"→"全屏模式"；或单击应用程序栏上的"屏幕模式"按钮，并从弹出式菜单中选择"全屏模式"。

1.7　创建自定义的工作区

具体操作步骤如下：

（1）执行"窗口"→"工作区"→"新建工作区"命令，如图 1.32 所示。

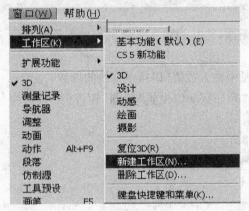

图 1.32

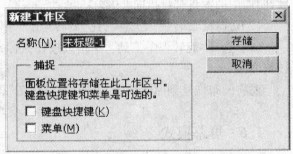

图 1.33

（2）打开"新建工作区"对话框，键入工作区的名称，如图 1.33 所示。

（3）在"捕捉"选项下，选择一个或多个选项。

注意：面板位置保存当前面板位置（仅限 InDesign）；键盘快捷键保存当前的键盘快捷键组（仅限 Photoshop CS5）；菜单或菜单自定义存储当前的菜单组。

1.8　Photoshop CS5 的应用领域

Photoshop CS5 软件是 Adobe 公司旗下有名的图像处理软件之一。作为平面设计中最常用的工具之一，它的应用领域很广泛，在图像、图形、文字、视频、出版各方面都有涉及。

1.8.1　平面广告设计

Photoshop CS5 软件运用于平面广告设计，能够发挥出最佳设计效果。它可以从整体外观上把握商业广告的构思布置。利用 Photoshop CS5 可以把广告设计成不同的形式，既能满足各类设计要求，也可用于招贴、海报等图像的平面处理，从多个方面保证设计效果。

除了常规的图像处理功能外，Photoshop CS5 软件还具备了一些特殊的操作功能，满足了各类平面广告设计的需要。根据当前的使用情况看，我们可以把 Photoshop CS5 的应用领域确定为：图像编辑、图像合成、校色调色、特效制作等几个方面。

1.8.2　包装设计

在科技高速发展的现代,人们的文化水平以及审美观念也在不断地提高。商品的包装设计很重要,就像一个人衣着得体,就会给人一个初始的好印象。包装的好看与否直接关系到人们的购买欲望,人们希望包装能够真实而完美地体现商品的内在。

包装设计中常需要制作产品效果图,Photoshop CS5 是制作这类效果图的主要软件。

1.8.3　UI 设计

UI 的本意是用户界面,是英文 User 和 Interface 的缩写。如今,界面设计工作逐渐被人们所重视。做界面设计的"美工"被称为"UI 设计师"或"UI 工程师"。软件界面设计就像工业产品中的工业造型设计一样,是产品的重要卖点。拥有美观界面的电子产品会给人带来舒适的视觉享受,拉近人与商品的距离,为商家创造卖点。界面设计不是单纯的美术绘画,它需要定位使用者、使用环境、使用方式并且为最终用户而设计,是建立在科学性之上的艺术设计。检验一个界面的标准既不是某个项目开发组领导的意见,也不是项目成员投票的结果,而是终端用户的感受。所以,界面设计要和用户研究紧密结合,是一个不断为最终用户设计满意视觉效果的过程。

由于 Photoshop CS5 强大的图像处理功能,使其成为多数 UI 设计师的软件首选。

1.8.4　插画设计

插画通常分为人物、动物、商品形象等类型。

Photoshop CS5 软件使插画创作变得丰富多彩,它拥有众多颜料、画笔、画布等绘画工具及滤镜效果,不仅可以表现出传统绘画诸如油画、水彩、版画的画面效果,还可以体现出数字图形的新锐风格。

1.8.5　网页制作

通常,制作网站基本都是先用 Photoshop CS5 软件设计出版式。

在 Photoshop CS5 中,设计师可直接做出网页的雏形,以便客户对设计师的设计思想有初步的了解。

此外,与网页相关的图像的处理、图标的设计制作,都与 Photoshop CS5 密不可分。因此,Photoshop CS5 也是设计网站的首选软件。

1.8.6　数码影像创意

数码影像创意是 Photoshop CS5 的特长,通过 Photoshop CS5 的处理可以将原本分开的对象组合在一起,也可以使用"狸猫换太子"的手段使图像发生巨大变化。

1.8.7　数码摄影后期处理

Photoshop CS5 具有强大的图像修饰功能,利用这些功能,可以快速修复一张破损的老照片,也可以修复人脸上的皱纹、斑点等瑕疵。对原始照片进行处理需要在 Photoshop CS5 中调整以下几个参数:色阶、水平调整、颜色调整、锐化等。

Photoshop CS5 在数码照片后期处理中的作用是巨大的,特别是对一些曝光有问题的照片,甚至可以起到化腐朽为神奇的作用。

1.8.8 建筑效果图后期处理

在制作建筑效果图时,人物与配景的增减、场景的整体色调通常需要在 Photoshop CS5 中调整。

1.8.9 三维模型材质制作与处理

在三维软件中,如果仅能够制作出精良的模型,而无法为模型应用逼真的材质贴图,将无法取得较好的渲染效果。在制作材质时,除了依靠三维软件本身带有的材质外,利用 Photoshop CS5 制作三维模型材质也是不错的选择。

1.9 使用 Adobe Bridge 管理图像

Adobe Bridge 是 Adobe Creative Suite 的控制中心。可以使用 Adobe Bridge 查看、搜索、排列、筛选、管理和处理图像、页面版面、PDF 和动态媒体文件;也可以使用 Adobe Bridge 来重命名、移动和删除文件,编辑元数据,旋转图像以及运行批处理命令;还可以查看从数码相机或摄像机中导入的文件和数据。

1.9.1 浏览图像

具体操作步骤如下:

（1）执行"文件"→"在 Bridge 中浏览"命令,如图 1.34 所示。

（2）打开如图 1.35 所示的窗口。

（3）在"文件夹"面板中选择一个文件夹。在"文件夹"面板中按向下箭头键和向上箭头键导航到该目录,按向右箭头键展开文件夹,按向左箭头键折叠文件夹。

（4）在"内容"面板中浏览所选文件夹中的图像。

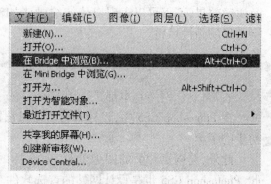

图 1.34

图 1.35

1.9.2 调整 Adobe Bridge 窗口中的面板

可以通过移动面板和调整面板的大小来调整 Adobe Bridge 窗口,但不能将面板移动到 Adobe Bridge 窗口之外。

1. 移动面板或调整面板的大小

有如下三种方法:

(1)可通过拖动面板的标签将其拖动到另一个面板。

(2)拖动面板之间的水平分隔栏,改变面板的大小。

(3)拖动各面板和"内容"面板之间的垂直分隔栏,可调整各面板或"内容"面板的大小。

2. 显示或隐藏面板

有如下三种方法:

(1)按 <Tab> 键可显示或隐藏除中心面板以外的所有面板(中心面板因所选工作区而异)。

(2)选择"窗口",然后选择想要显示或隐藏的面板的名称。

(3)右击某个面板标签,然后选择要显示的面板的名称。

1.9.3 调整 Adobe Bridge 窗口的显示状态

打开"视图"菜单选择以下选项之一,如图 1.36 所示,其中可选择以下命令:

图 1.36

（1）"缩览图"：可将文件和文件夹显示为带有文件或文件夹名称以及评级和标签的缩览图。

（2）"详细信息"：显示的缩览图带有其他文本信息。

（3）"列表形式"：以文件名列表的形式显示文件和文件夹，同时用列来显示相关的元数据。

（4）"仅显示缩览图"：显示不带有任何文本信息、标签或评级的缩览图。

1.9.4　调整图片在 Adobe Bridge 窗口中的预览模式

在图 1.36"视图"菜单中包含如下命令：

（1）"全屏预览"：以全屏方式显示图像。

（2）"幻灯片放映"：以全屏幕幻灯片放映的形式查看缩览图。在处理一个文件夹中所有图形文件的大型版本时，这种方法非常方便。放映幻灯片时可以选择全屏显示或缩放图像，也可以设置控制幻灯片放映显示的选项，包括过渡效果和标题。

（3）"审阅模式"：用于浏览选择的照片、优化选择和执行基本编辑的专用全屏视图。审阅模式以可以交互导航的旋转"转盘"来显示图像，如图 1.37 所示。

图 1.37　审阅模式

1.9.5　为文件设置标签

具体操作步骤如下：

（1）选择一个或多个文件。

（2）从"标签"菜单中选择一个标签。

（3）若要删除文件的标签，执行"标签"→"无标签"命令即可。

1.9.6　为文件标定星级

具体操作步骤如下：

（1）选择一个或多个文件。

(2) 在"内容"面板中,单击表示要赋予文件的星级的点。

(3) 从"标签"菜单中选择"评级"。

● 若要增加或减少一个星级,执行"标签"→"提升评级"或"降低评级"命令。

● 若要删除所有星级,执行"标签"→"无评级"命令。

● 要添加"拒绝"评级,执行"标签"→"拒绝"命令或按 < Alt > + < Delete > 组合键。

注:若要在 Adobe Bridge 中隐藏拒绝的文件,执行"视图"→"显示拒绝文件"命令。

1.9.7 批量为文件重命名

可以成组或成批地重命名文件。对文件进行批重命名时,可以为选中的所有文件选取相同的设置。对于其他批处理任务,可以使用脚本来运行自动任务。

具体操作步骤如下:

(1) 选择要重命名的文件。

(2) 执行"工具"→"批重命名"命令,弹出"批重命名"对话框,如图 1.38 所示。

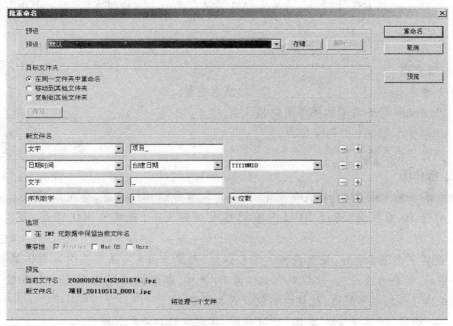

图 1.38

(3) 在对话框中可设置以下选项:

● 目标文件夹:将重命名的文件放置于同一个文件夹,将其移到其他文件夹,或将副本放置于其他文件夹。如果需要将重命名的文件放入其他文件夹,请单击"浏览"选择文件夹。

● 新文件名:从菜单中选择元素,然后根据需要输入文本以创建新文件名。单击加号按钮田或减号按钮曰可添加或删除元素。

● 选项:选择"在 XMP 元数据中保留当前文件名"可以在元数据中保留原始文件名。对于"兼容性",可选择希望与重命名的文件兼容的操作系统。默认的选择是当前的操作系统,而且用户无法取消这一选择。

● 预览:当前文件名和新文件名都会显示在"批重命名"对话框底部的"预览"区域中。

要了解如何重命名所有选定文件,请单击"预览"按钮。

(4) 从"预设"菜单中选择预设来对经常使用的命名方案进行重命名。要存储批重命名设置以备重用,请单击"存储"。

 思考与练习

一、选择题

1. 调整图片在 Adobe Bridge 窗口中的预览模式有(　　)。

A. 全屏预览模式　　　　B. 审阅模式　　　　C. 窗口模式　　　D. 幻灯片放映模式

2. 在 Photoshop CS5 中,将彩色模式转换为双色模式或位图模式时,必须先将其转换为(　　)。

A. Lab 模式　　　　B. RGB 模式　　　　C. CMYK 模式　　D. 灰度模式

3. CMYK 颜色模式是一种(　　)。

A. 屏幕显示模式　　　B. 光色显示模式　　　C. 印刷模式　　　D. 油墨模式

4. 在 Photoshop CS5 中,(　　)是由许多不同颜色的小方块组成的,每一个小方块称为像素。

A. 位图　　　　　　B. 矢量图　　　　　C. 向量图　　　D. 平面图

二、填充题

1. 分辨率就是＿＿＿＿＿＿＿＿＿＿的像素数量。

2. Photoshop CS5 常用的图像文件格式有＿＿＿＿、＿＿＿＿、＿＿＿＿、＿＿＿＿等。

3. 状态栏位于每个文档窗口的＿＿＿＿＿＿＿。

4. 图像的显示模式有＿＿＿＿＿＿＿、＿＿＿＿＿＿＿和＿＿＿＿＿＿＿三种。

三、操作题

1. 打开 1 幅 PSD 图像,格式化图像,再将它以名为"Test1"保存,格式为 JPEG。

2. 打开 10 幅图像,将这 10 幅图像调整成一样大小,宽均为 400 像素、高均为 300像素。

3. 新建 1 个图像文件,设置该文件的名称为"图像作品 1",画布宽度为 300 毫米,高度为 200 毫米,背景为浅绿色,分辨率为 100 像素/英寸,颜色模式为 RGB 颜色和 8 位。在该图像窗口内显示标尺和网格,标尺的单位设定为像素。

4. 将"图层"、"通道"和"动作"面板分离,再将它们合并成面板组。

5. 设置前景色为"白色",设置背景色为"黑色"。

6. 在图像窗口中添加 3 条水平参考线和 2 条垂直参考线。

第2章 选 区

本章重点

通过本章学习,应了解选区的原理与作用。掌握各种选区工具的使用及创建选区的各种方法是学习过程中的重难点。利用选区工具,可以在这些区域内进行抠图、复制、粘贴以及色彩调整等操作。

学习目的:

✓ 了解选区的原理与作用
✓ 掌握选框工具的使用方法
✓ 掌握套索工具的使用方法
✓ 掌握创建选区的其他方法
✓ 掌握选区的编辑操作技术

2.1 选区的原理与作用

2.1.1 选区的原理

使用选区能限制绘制或编辑图像的区域,从而得到精确的效果。Photoshop CS5 的选区呈现为黑白交替的浮动线——"蚂蚁线",如图 2.1 所示。

图 2.1

需要注意以下几点:

(1) 图像的基本组成单位是像素,因而制作选区时不存在选择半个像素。

(2) 选区有 256 个灰度级别,即选区是有透明度的,表示像素中的灰度被选中的程度。

(3) 制作选区时,只有那些选择程度在 50% 以上的像素,才会显示在蚂蚁线的区域内;选择程度若小于 50%,选区边界将不可见,但并不等于没选区,选区依然存在。

2.1.2　选区的作用

在图像中绘制出可进行编辑操作的区域,用户可以在这些区域内进行复制、粘贴以及色彩调整等操作。如果不设定选区,用户进行的操作则是对整个图像进行的。

在 Photoshop CS5 图像处理中经常要建立复杂或简单的选区,甚至半透明的选区,以便于对图像的局部进行编辑。选区用于确定操作的有效区域,从而使每一项操作都有的放矢。在图像中作一选区,再对图像进行操作,就会发现仅选区内的图像可被编辑,而选区外部并没有任何变化。

2.2　创建选区

选框工具组是一组创建规则选区的工具,默认状态下,显示的是"矩形选框工具" █,单击它右下角的小三角按钮,弹出选框工具组,如图 2.2 所示,分别是"矩形选框工具" █、"椭圆选框工具" █、"单行选框工具" █ 和"单列选框工具" █。

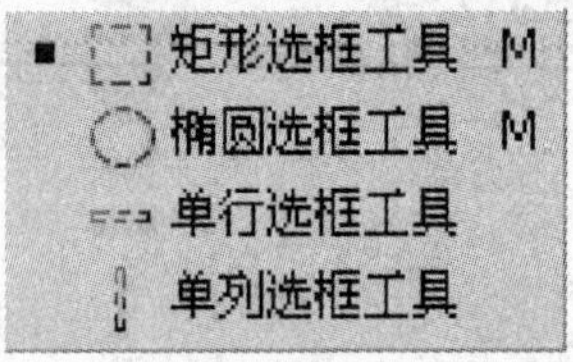

2.2.1　矩形选框工具

"矩形选框工具" █ 用于创建矩形选区。单击工具箱中的"矩形选框工具"按钮,然后在图中直接拖动鼠标,即可以绘制出矩形选择区域,如图 2.3 所示。

图 2.2

图 2.3

"矩形选框工具"属性栏(位于菜单栏下方)(图 2.4)中各选项的含义如下:

●"新选区"按钮 █:单击此按钮,可以创建一个新的选区,如果绘制之前还有其他选区,则绘制后的选区将会取代之前的选区。

●"添加到选区"按钮 █:单击此按钮,可以在图像原有选区的基础上,增加绘制之后的选区从而得到一个新选区,或增加一个新选区,效果如图 2.5 所示。可以将它理解为数学中的"并集"概念。

图 2.4

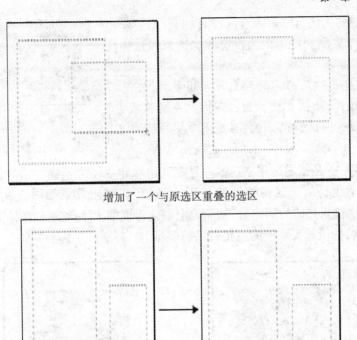

增加了一个与原选区重叠的选区

增加了一个与原选区分离的选区

图 2.5

● "从选区减去" 按钮 : 单击此按钮, 可以在图像原有选区的基础上, 减去绘制之后的选区, 得到一个新选区, 效果如图 2.6 所示。可以将它理解为数学中的 "补集" 概念。

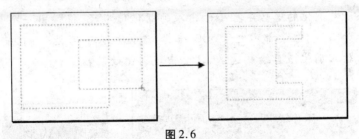

图 2.6

● "与选区交叉" 按钮 : 单击此按钮, 可得到原有图像选区和后米绘制选区相交部分的选区, 效果如图 2.7 所示。可以将它理解为数学中的 "交集" 概念。

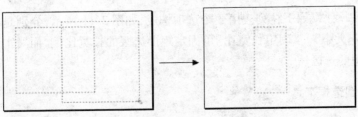

图 2.7

如果新绘制的选区与原来的选区没有相交,则会弹出如图 2.8 所示的提示框,提示因为没有相交所以未选择任何像素。

技巧:在创建新选区的同时按住 < Shift > 键,可进行"添加到选区"操作;按住 < Alt > 键,可进行"从选区减去"操作;按住 < Alt > + < Shift > 键,可进行"与选区交叉"操作。

图 2.8

● 羽化：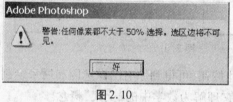 是指通过建立选区并且在其边缘建立一个模糊的边界,从而达到柔和边缘的效果。羽化是从选区两侧开始模糊边缘的,其对比效果如图 2.9 所示。可以在  数值框中输入具体的羽化值,从而确定羽化程度的大小。输入的羽化值范围是 0 ~ 255,单位是像素,数值越大产生的羽化效果越明显。

 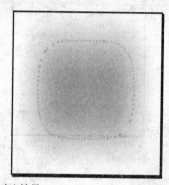

无羽化与羽化的对比效果

图 2.9

提示:如果所要羽化的选区半径小于输入的羽化值半径,将弹出一个如图 2.10 所示的提示框,提示为"任何像素都不大于 50% 选择,选区边将不可见"。在绘制有羽化的选区时,一定要先输入羽化值再绘制选区,才会出现羽化效果。

图 2.10

图 2.11

● 样式：样式 [正常] 下拉列表由 3 个选项构成,如图 2.11 所示,分别是"正常"、"固定长宽比"和"固定大小"。"固定长宽比"可固定矩形选区的长宽比例,而"固定大小"是用来绘制固定长和宽的选区。

2.2.2 椭圆选框工具

"椭圆选框工具"用于绘制椭圆形选区。单击工具箱中的"椭圆选框工具"按钮,然后在图中直接拖动鼠标就可以绘制出椭圆选区,如图 2.12 所示。

技巧：在使用"矩形选框工具"■或"椭圆选框工具"■时，按住＜Shift＞键可得到正方形选区或正圆形选区。按住＜Alt＞键拖动鼠标可以绘制以起点为圆心的圆形选区。按住＜Alt＞＋＜Shift＞键可以绘制以起点为圆心的正圆形选区。

图 2.12

"椭圆选框工具"的属性栏和"矩形选框工具"的属性栏的用法一致，这里不再赘述，如图 2.13 所示。

图 2.13

选中"消除锯齿"复选框，可柔化选区边缘的锯齿，从而在一定程度上使边缘平滑，其对比效果如图 2.14 和图 2.15 所示，使用"矩形选框工具"时该复选框无效。

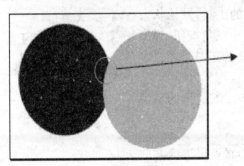

图 2.14

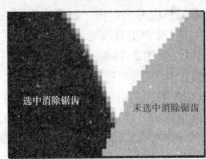

选中消除锯齿　　未选中消除锯齿

图 2.15

2.2.3　行列选框工具

行列选框工具有"单行选框工具"■和"单列选框工具"■两种，选中其中一种工具，在图像中单击鼠标，可在单击处创建一个宽或高为一个像素的矩形选框，效果如图 2.16 所示，用"缩放工具"放大以后如图 2.17 所示，可观察到它占一个像素的宽度。

　　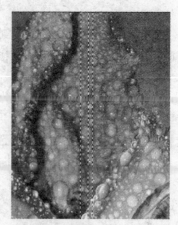

图 2.16　　　　　　　　　　　　　　　图 2.17

2.2.4　套索工具

　　前面讲解的选框工具是用于创建规则形状的选区,但实际上用户常常需要创建不规则形状的选区,这时选框工具就不能满足用户的需要了,因此 Photoshop CS5 提供了套索工具。利用这个工具可以自由选取需要的区域。

　　套索工具组是一组用于创建不规则选区的工具,默认状态下显示的是"套索工具" ,单击它右下角的小三角按钮,弹出套索工具组,如图 2.18 所示,它们分别是:"套索工具" 、"多边形套索工具" 和"磁性套索工具" 。

　　"套索工具" 用于创建任意形状的选区,该工具的属性栏和选框工具属性栏用法相同,如图 2.19 所示。

图 2.18

图 2.19

　　单击"套索工具"按钮,在图像中按住鼠标左键不放并拖动鼠标,即可创建出需要选取的范围;松开鼠标,则系统自动连接起点和终点,形成完整的选区,如图 2.20所示。

2.2.5　多边形套索工具

　　套索工具虽然可以选择任意形状的选区,但是手动调节可控性较差。"多边形套索工具"弥补了"套索工具"的不足。单击"多边形套索工具"按钮 ,当鼠标变为 形状后,在图像中合适的位置单击鼠标,然后再移动鼠标到下一个位置并单击,系统会自动将两点连成一条直线。重复这样的操作,可创建不规则的多边形选区。当选取结束时,将鼠标指针移动到起点,鼠标指针旁边出现一个 符号,单击鼠标左键,则可完成选取,如图 2.21 所示。

图 2.20

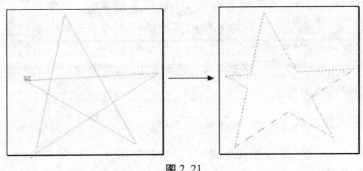

图 2.21

2.2.6 磁性套索工具

"磁性套索工具" 既具备了套索工具的方便性,又具备了钢笔工具的精确性。它是根据图像中颜色的反差来创建选区的,适用于图像和背景反差大、边缘清晰、形状比较复杂的图像。在对图像创建选区时,只需拖动鼠标,选区便可自动吸附到图像边缘,如图 2.22 所示。

图 2.22

技巧:在使用"多边形套索工具"和"磁性套索工具"的时候经常发生这样的情况,用户无法找到选取的起点,选区无法封闭,在这种情况下可以按回车键,系统会自动在起点和终点之间取最短的直线闭合选区。

单击"磁性套索工具"按钮 后,其相应的属性栏如图 2.23 所示。

图 2.23

该属性栏中各选项的含义如下:

● 宽度:用来定义套索的宽度,将宽度指定好以后,在套索的过程中将自动检测鼠标指针两侧指定宽度内与背景反差最大的边缘。宽度越大检测范围就越大,但是选取的精度就越低。

● 边对比度:用来设置选取图像时的边缘反差,范围在 1% ~ 100% 之间。百分比越高,灵敏度越高;反之,百分比越低,灵敏度越低。

● 频率:用来设置创建节点的数量,范围在 0 ~ 100 之间。频率越高,标记的节点越多。

● 钢笔压力:该选项只有安装了绘图板和其启动程序时才有效。在有效的条件下,选中此复选框,套索的蚂蚁线宽度会随着钢笔压力的增大而变细。

"磁性套索工具"的属性栏可根据不同的图像进行相应的设置。如果能合理地设置它的属性将最大限度地发挥"磁性套索工具"的功能。例如,在边缘对比度比较高的图像上,可以将宽度和边对比度的数值设置大一些;反之,可以通过设置较小的宽度值和较大的边缘对比度来得到较精确的选区。

2.2.7　快速选择工具

Photoshop CS5 新增的"快速选择工具"其功能非常强大,它给用户提供了难以置信的优质选区创建解决方案。这一工具被添加在工具箱的上方区域,与"魔棒工具"归为一组。Adobe 公司认识到"快速选择工具"要比"魔棒工具"更为强大,所以将"快速选择工具"显示在工具面板中显眼的位置,而将"魔棒工具"藏在里面。

下面以实例的形式介绍"快速选择工具" 。

在 Photoshop CS5 中打开一幅花的图像,如图2.24 所示。

选择"快速选择工具" ,如图2.25 所示,有点类似于"魔棒工具"。

"快速选择工具"的使用方法是基于画笔模式的。如果是选取离边缘比较远的较大区域,就要使用大一些的画笔;如果是要选取边缘则换成小一些的画笔,这样才能尽量避免选中背景像素。

图2.24

提示:要更改画笔大小,可以使用属性栏中画笔一侧的下拉列表,也可以直接使用快捷键 < [> 键或 <] > 键来增大或减小画笔大小,如图2.26 所示。

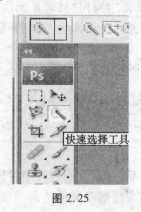

图2.25

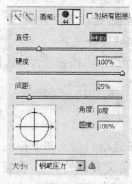

图2.26

"快速选择工具"是智能的,它比"魔棒工具"更加直观和准确。用户不需要在要选取的整个区域中涂画,"快速选择工具"会自动调整所涂画的选区大小,并寻找到边缘使其与选区分离。

如果有些区域不想选中,却仍包含在选区里面可将画笔调小一些,然后按住 < Alt > 键再用"快速选择工具"选中多余区域即可,如图2.27 所示。

图 2.27   图 2.28

图 2.28 所示为去除背景后的花朵图像。

2.2.8 魔棒工具

"魔棒工具" 根据颜色范围来创建选区,主要用来选择颜色相同或类似的区域,有魔术般奇妙的效果。单击"魔棒工具"按钮 后,在图像上单击需要选取的区域,与点击处颜色相同和相似的部分将被选中,如图 2.29 所示。

图 2.29

单击"魔棒工具"按钮,其属性栏如图 2.30 所示。

| 容差: 28   ☑ 消除锯齿   ☑ 连续的   ☐ 用于所有图层 |

图 2.30

各选项含义分别如下:

● 容差:容差用来设置颜色范围的误差值,范围在 0 ~ 255 之间,默认容差是 32。一般来说,容差越大,选择颜色范围越大;容差越小,选择颜色范围越小,选取的颜色也就越接近。当容差为 0 时,只选择单个像素以及图像中颜色值和它完全相等的若干个像素;当容差值为 255 时,将选取整幅图像。

● 连续的:选中此复选框,则与单击区域相连的颜色范围才会被选中;不选中此复选框,则在整幅图像中所有与单击区域颜色相同的范围都会被选中。以图 2.31 为例,选中"连续的"复选框,单击圆环中的白色区域,得到的选区如图 2.31 中左图所示;不选中"连续的"复选框,得到的选区如图 2.31 中右图所示。

● 用于所有图层:选中此复选框,则"魔棒工具"选择的颜色范围针对整个图层;反之,只针对当前图层。

选中"连续的"复选框时的选区　　　　　未选中"连续的"复选框时的选区

图 2.31

2.2.9　色彩范围

除了前面讲述的利用选框工具组和套索工具组可以创建选区之外,用户还可以使用色彩范围命令和快速蒙版来创建选区。

"色彩范围"命令是按颜色的范围来选取图像中某一部分的区域,它和"魔棒工具"类似,但比"魔棒工具"具有更强的可调性。

执行"选择"→"色彩范围"命令,弹出"色彩范围"对话框,如图 2.32 所示。

● 选择:用来定义选取颜色范围的方式。单击下拉列表框右侧的黑色三角按钮,弹出如图 2.33 所示的下拉列表。

图 2.32　　　　　　　图 2.33

红色、黄色、绿色、青色、蓝色和洋红:这些选项用于在选取的图像中指定选取的某一区域的颜色范围。在选择了某一种颜色后,便不可再使用颜色容差和颜色吸管工具。

高光、中间调和暗调:这些选项用于选取图像中不同亮度的区域。

溢色:该选项用来选择在印刷中无法表现的颜色。

● 颜色容差:拖动其下的滑块或在数值框中输入数值调整颜色的选取范围。数值越大,包含的相似颜色越多,选取范围也就越大。

在"色彩范围"对话框的右侧有 3 个吸管工具,分别为:吸管工具、加色吸管工具和减色吸管工具,其各个工具含义如下:

● 吸管工具 :用来吸取所要选择的颜色。

● 加色吸管工具 :用来增加颜色的选取范围。

● 减色吸管工具 :用来减少颜色的选取范围。

● 选区预览:用于控制原图像在所创建的选区下的显示情况。单击下拉列表框右侧的黑色三角按钮,弹出如图 2.34 所示的下拉列表。

无:表示不在图像窗口中显示任何预览。

灰度:表示以灰色调显示原图像选区以外的部分。

黑色杂边:表示在图像窗口中以黑色显示选区以外的部分。

白色杂边:表示在图像窗口中以白色显示选区以外的部分。

快速蒙版:表示在图像窗口中以快速蒙版的颜色显示选区以外的部分。

● "载入"和"存储"按钮:用于保存和载入"色彩范围"对话框中的
设置。

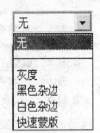

图 2.34

● 反相:选中此复选框可将选区范围
反转。

对图像执行"色彩范围"命令后的效果如
图 2.35 所示。

2.3 选区的基本操作

对于创建好的选区,用户有时候需要对其
进行进一步的调整,即编辑选区。对选区的编
辑主要是通过选择菜单来实现的。

图 2.35

2.3.1 全选和反选

具体操作步骤如下:

(1)执行"选择"→"全选"命令,得到整个图像的选区,效果如图 2.36 所示,其快捷键
为 < Ctrl > + < A >。

图 2.36

图 2.37

(2)执行"选择"→"取消选择"命令,则取消已选择的范围,其快捷键为 < Ctrl > +
< D >。

(3)执行"选择"→"重新选择"命令,则恢复上一次选择的范围,其快捷键为 < Ctrl > +
< Shift > + < D >。

(4)执行"选择"→"反选"命令,则选取已有选区以外的范围,可以利用这个命令选取
形状不规则的选区,如图 2.37 所示,其快捷键为 < Ctrl > + < Shift > + < I >。

2.3.2　移动选区

移动选区的方法为:单击"新选区"按钮■,把鼠标放在选区内,可自由移动选区。

技巧:在移动选区的时候,用户不但可以使用鼠标来进行移动,还可以用键盘上的4个方向键来进行移动,每按一次方向键选区将以1个像素为单位进行移动;如果在使用方向键移动的同时按住<Shift>键,则选区以10个像素为单位进行移动。

2.3.3　"羽化"命令

执行"选择"→"羽化"命令,弹出"羽化选区"对话框,在"羽化半径"数值框中输入数值来确定选区的羽化值大小,如图2.38所示即是羽化选区的效果。

图2.38

提示:制作羽化选区的方法有两种:一种可以通过选取工具的属性栏来实现;另一种可以通过执行"选择"→"羽化"命令来实现。使用属性栏羽化选区时一定要在绘制选区前设置好羽化值。而"羽化"命令则是在绘制选区后,再进行羽化值的设置。

2.3.4　调整选区

Photoshop CS5 中可以通过"选择"菜单下的"修改"子菜单中的命令进行选区的编辑,"修改"子菜单中有"边界"、"平滑"、"扩展"、"收缩"4个命令,如图2.39所示。

边界(B)...
平滑(S)...
扩展(E)...
收缩(C)...

图2.39

1. 边界选区

执行"选择"→"修改"→"边界"命令,弹出"边界选区"对话框,在该对话框的"宽度"数值框中输入宽度的数值,以确定选区边界宽度的大小,如图2.40所示即为扩张边界效果。

图2.40

2. 平滑选区

此命令的作用是平滑选区的尖角和消除锯齿。执行"选择"→"修改"→"平滑"命令,弹出"平滑选区"对话框,在该对话框中通过设置取样半径的大小,来设置平滑选区尖角和锯齿的程度,如图2.41所示即为平滑选区效果。

平滑选区　　　　　　　　　　　　羽化选区

图 2.41　　　　　　　　　　　　　　图 2.42

注意:"平滑选区"命令和"羽化选区"命令都可使选区尖角趋于平滑,但是效果却不相同。虽然"平滑选区"命令也可以使选区尖角趋于平滑,却不能产生羽化选区的模糊边缘效果,对进行过平滑操作的选区和羽化操作的选区分别进行填充,效果对比如图 2.42 所示。

3. 扩展选区与收缩选区

扩展选区与收缩选区命令分别用于扩大选区范围和缩小选区范围。执行"选择"→"修改"→"扩展"(或"收缩"命令),在弹出的"扩展选区"(或"收缩选区")对话框中,设置扩展量的值(或收缩量的值),效果对比如图 2.43 所示。

扩展选区　　　　　　　　　　　　收缩选区

图 2.43

2.3.5　"扩大选取"命令

扩大选取根据相近的颜色来扩展选区范围,将选区扩大到临近的颜色相似的像素点上。执行"选择"→"扩大选取"命令,Photoshop CS5 会自动按照设定的颜色范围扩大到临近颜色相似的范围,效果如图 2.44 所示。

图 2.44

2.3.6 "选取相似"命令

选取相似也是根据颜色来扩展选区范围,它将选区扩大到整幅图像中颜色相似的像素点上。执行"选择"→"选取相似"命令,Photoshop CS5 会自动按照设定的颜色范围来扩大到整幅图像颜色相似的范围,如图 2.45 所示。

图 2.45

2.3.7 "变换选区"命令

"变换选区"命令可以对选区实施自由变形,从而实现了对选区的进一步调整。执行"选择"→"变换选区"命令,则会在选区周围出现一个变形调节框,如图 2.46 所示。该变形调节框的周围有 8 个控制点和 1 个旋转轴,用户可以通过这 8 个控制点和 1 个旋转轴来实现对选区的缩放、变形和旋转等操作。

执行"变换选区"命令以后,按回车键应用"变换选区"操作,按 < Esc > 键撤销"变换选区"操作。

图 2.46

2.3.8 描边选区

"描边"命令可对选区的范围进行描边。执行"编辑"→"描边"命令,弹出"描边"对话框,如图 2.47 所示。

● 宽度:可设置描边的边框宽度,宽度范围为 1 ~ 16 像素。
● 颜色:单击颜色框,弹出"拾色器"对话框,可从中选择合适的颜色。
● 位置:该选项有 3 个单选按钮:居内、居中、居外。它们分别指描边的边框位于选框的内边界、边界上和外边界。
● 模式:设置混合模式(详见第 4 章图层的混合模式内容)。
● 不透明度:设置描边的不透明程度。

描边效果如图 2.48 所示。

图 2.47   图 2.48

2.3.9 将路径转化为选区

由于路径的建立和编辑较为灵活、方便,在一定程度上也可以比较准确地把握图轮廓。如果所选取的图像形状不规则、颜色差异大,采用其他方法创建选区会比较困难。因此,可借助于"钢笔工具"描出路径,再将路径转换为选区。

(1)路径转换为选区:在"路径"面板中选中指定路径,单击"路径"面板下方的◎(将路径作为选区载入)图标,即将当前路径转化为选区;或在"路径"面板的功能菜单("路径"面板右上角▼≡图标)中选择"建立选区"命令,弹出"建立选区"对话框,如图 2.49所示。

如果当前图像中已有其他选区,则需选择该选区与已有选区的关系。

● 新选区:取代现有选区。

● 添加到选区:扩充现有选区。

● 从选区中减去:裁剪现有选区。

● 与选区交叉:将与现有选区重叠的部分作为新选区。

图 2.49

(2)选区转换为路径:单击"路径"面板下方的◎(从选区生成工作路径)图标,即可将当前选区转换为工作路径;也可在"路径"面板的功能菜单("路径"面板右上角▼≡)中选择"建立工作路径"命令,弹出"建立工作路径"对话框图标,在其中设置容差值(像素值),其范围在 0.5 ~ 10 像素之间。容差值越大,转换后路径的锚点越少,路径越粗糙;反之,路径越精细。

图 2.50

但应注意,容差值过小,路径上的锚点就会非常密集,输出时可能会提示错误而不能打印;如果容差值很大,锚点少,就难以与选择的图像形状相吻合。

2.3.10　存储选区与载入选区命令

当所创建的选取需要反复调用时,可通过系统主菜单中"选择"→"存储选区"命令保存当前选区,这时会弹出"存储选区"对话框,在其中设置选区的名字后确认即可。

当需要打开或调入某选区时,在系统主菜单中执行"选择"→"载入选区"命令,将弹出"载入选区"对话框,在其中通道栏中选择已保存的选区,打开指定选区。

使用"存储选区"命令,可以将制作好的选区存储到通道中,以方便以后调用。同样地,也可以执行"载入选区"命令,将存储好的选区载入重新使用。

2.4　实例演练

2.4.1　添加/改变照片背景

具体操作步骤如下:

(1) 打开素材文件夹中的"女孩与小鸡"文件。执行"文件"→"恢复"命令将文件恢复为上次存储的版本。使用"磁性套索工具"沿着女孩的边缘创建选区,如图 2.51 所示。

图 2.51

图 2.52

(2) 保持选区的浮动状态,执行"选择"→"存储选区"命令,打开"存储选区"对话框,参照图 2.52 所示设置对话框的内容,单击"确定"按钮,即可将选区存储在"通道"面板中。

提示:关于"通道"面板,我们将在第 7 章中详细讲解。

(3) 按下 <Ctrl> + <D> 组合键取消选区。接着使用"魔棒工具"在图像中单击小鸡区域,创建选区,如图 2.53 所示。

图 2.53

(4) 执行"选择"→"载入选区"命令,打开"载入选区"对话框,参照图 2.54 所示设置对话框的内容,完成后单击"确定"按钮,即可将载入的选区添加到已有选区中,如图 2.55 所示。

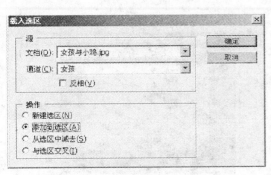

图 2.54   图 2.55

（5）执行"选择"→"反向"命令，再按＜Delete＞键将背景清除掉，如图 2.56 所示。

（6）打开素材文件"草地"，将文件"女孩与小鸡"的选区拖入到"草地"图片中，执行"编辑"→"自由变换"命令，调整图像的位置，如图 2.57 所示。

图 2.56   图 2.57

2.4.2 给相框添加照片

具体操作步骤如下：

（1）打开一张"相框"素材，"图层"面板上显示当前图层为"背景"，右侧有一把锁的图标，表明背景图层是被锁定的，双击"背景"，把背景层改名为"图层 0"，如图 2.58 所示。

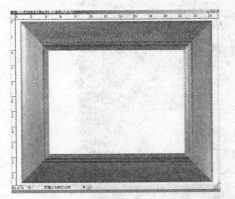

图 2.58

（2）一般来说，相框素材的中间部分都是同一种颜色的，使用"魔棒工具"点击相框中间部分，出现一个闪动的虚线，如图2.59所示。

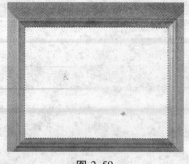
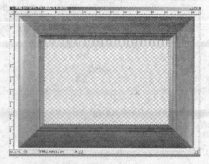

图2.59　　　　　　　　　　　　　　　　　　图2.60

（3）如果虚线围成的区域并非是想要的形状，可以通过调整工具属性栏中的容差值来达到预期效果。

（4）按<Delete>键清除，这时选区内显示为透明（Photoshop CS5的透明部分用白色和灰色的格子来表示）。然后使用快捷键<Ctrl>+<D>取消选择，如图2.60所示。

（5）打开一张照片，用"移动工具" 把照片移动到相框内。这时在"图层"面板中自动增加一个图层"图层1"。把"图层1"拖到"图层0"的下面，如图2.61、图2.62所示。

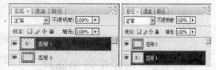

图2.61　　　　　　　　　　　　　　　　　　图2.62

（6）执行"编辑"→"自由变换"命令，调整照片大小（按住<Shift>键调整大小或旋转照片均不会改变原照片比例），如图2.63所示。

图2.63

2.4.3　更换照片背景

打开素材"孩子与竹林",如图2.64所示。分析该照片:背景比较暗淡,而且背景的颜色与主体人物颜色也比较相近。在这种情况下,我们可以运用将背景去除的方法来实现人物的抠图。

这个例子的创作思路是利用"魔棒工具"将背景的大部分面积选中,然后使用增加选区或者删除选区的方法进一步选择。如果对于不能选择的细节部分,就使用"套索工具"或者"磁性套索工具"来完成。

图2.64

(1)在Photoshop CS5中打开照片后,单击"魔棒工具",然后在出现的工具属性栏中设置容差参数值为50。接着在人物背景上单击鼠标左键,这时就可以得到大部分的背景选区了。对于不连续的选区,我们可以在选中"魔棒工具"的情况下再在其工具选项栏中单击"添加到选区"图标或者按住键盘上的<Shift>键再单击其他想要选取的地方来选择。

(2)选择背景。先单击"快速选择工具",在工具属性栏中的"添加到选区"图标被选中的情况下适当地改变其画笔值,再使用"快速选择工具"单击未被选中的背景区域,这样就会进一步增加背景区域的选择,如图2.65所示。

小提示:如果用"魔棒工具"对人物的部分区域进行选择,可以使用"磁性套索工具",接着在出现的工具属性栏中单击"从选区减去"图标,对不需要的选区进行选择即可。对于背景中未被选中的小区域,可以使用"套索工具",并选中"添加到选区"图标进一步选择。

图2.65

(3)提取人物。执行"选择"→"反选"命令,或按快捷键<Ctrl>+<Shift>+<I>,将人物选中。接着按<Ctrl>+<C>组合键将人物复制,按<Ctrl>+<V>组合键将人物粘贴到一个新建的"图层1"中。

(4)细节修饰。选中存放人物的"图层1",利用缩放工具将人物放大,对其边缘突出的锯齿部分用"橡皮擦工具"擦除。接着,按住<Ctrl>键并用鼠标左键单击人物图层选择提取出来的人物,然后单击"选择"→"羽化"命令,或者按快捷键<Alt>+<Ctrl>+<D>,打开"羽化"对话框,输入羽化参数值2,单击"确定"按钮。这样整个人物的边缘就会显得柔和而不过于生硬。

小提示:在进行羽化的时候,调节羽化参数值,主要看被选取的主体的边缘粗糙程度。如果主体的边缘比较粗糙时可以适当调大羽化参数值。

（5）背景的添加。执行"文件"→"打开"命令,在查找范围内找到"国家大剧院"素材文件,将前面提取出来的人物添加到背景文件中,调整好位置和大小。然后执行"图像"→"调整"→"曲线"命令,打开"曲线"对话框,调整好人物的亮度以适应背景明暗,如图 2.66 所示。最终的效果如图 2.67 所示。

图 2.66

图 2.67

知识点总结:我们在对图像进行抠图时,常常会难以分清已选择的区域和未被选择的区域。在这种情况下,我们可以将已经选择好的选区保存到新的图层中,然后再重新进行选择,逐步删除不需要的部分。对于不好处理的细节部分,可以使用"橡皮擦工具"进行修整。

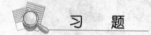 习 题

一、填空题

1. _____是在图像上绘制出的可进行编辑操作的区域。

2. 创建规则选区的工具有_____、_____、_____和_____。

3. 执行菜单栏的_____,我们可以选择整个图形中的相近颜色。

4. 在使用"多边形套索工具"和"磁性套索工具"时经常发生这样的情况,用户无法找到选取的起点,选区无法封闭,在这种情况下可以按_____,系统会自动在起点和终点之间取最短的直线闭合选区。

5. 在创建新选区的同时按住_____键,可进行"添加到选区"操作;按住_____键,可进行"从选区减去"操作;按住_____键,可进行"与选区交叉"操作。

二、问答题

1. 创建不规则选区的方法有哪几种?

2. 如何创建正圆形或正方形的选区?

3. "魔棒工具"与"快速选择工具"有什么异同点?

4. 选区修改命令组中,"扩边"命令和"扩展"命令有什么区别?

三、上机操作题

1. 打开素材文件"花",分别使用"魔棒工具"和"色彩范围"命令来选取花和绿叶,体会两者之间的相似与不同之处。

2. 用"选框工具"绘制出如图 2.68 所示的选区。

图 2.68

3. 打开素材库中的"油菜花 1"文件,将油菜花的颜色修改成"油菜花 2"文件中的颜色。

第3章　修饰和变换

通过本章学习,应掌握"画笔工具"的使用方法。"画笔工具"是绘制图像的重要工具,也是学习 Photoshop CS5 过程中的重点和难点。利用"画笔工具",可以将图像风格变得更加独特。除此之外,还应掌握修图工具的使用方法。

学习目的:

- ✓ 了解"画笔"面板
- ✓ 掌握"画笔工具"的使用方法
- ✓ 掌握如何修改画布的大小、图像的大小
- ✓ 掌握如何定义画笔、使用画笔绘制图案
- ✓ 掌握变换图像的方法
- ✓ 掌握操控变形工具、内容识别工具的使用方法
- ✓ 掌握仿制图章工具、修复画笔工具、修补工具等的使用方法

3.1　画笔

3.1.1　"画笔"面板概述

"画笔"面板是 Photoshop CS5 中较为重要的一项功能,因为工具箱中的许多工具都需要在该面板中设置画笔属性。

"画笔"面板包含一些画笔笔尖选项。在"画笔"面板中,可以对画笔的大小和边缘样式等属性进行设置,还可以修改现有画笔并设计新的自定义画笔。如图 3.1 所示,就是设置不同的画笔属性后绘制的效果。

执行"窗口"→"画笔"命令,打开"画笔"面板,如图 3.2 所示。此面板底部的

图 3.1

画笔描边预览,可以显示使用当前画笔选项时绘画描边的外观。"画笔"面板并不是单纯针对"画笔工具"而设立的面板选项,只要是可以调整画笔大小的工具,都可以通过该面板设置选项。

提示:在选中了"画笔工具"、"橡皮擦工具"、"加深工具"、"减淡工具"、"仿制图章工具"时,单击工具属性栏中"切换画笔面板"按钮,也可以打开"画笔"面板。

在"画笔"面板左侧有一列选项组,单击选中一个复选框后,该复选框左侧的方框出现对勾图标,并且该组的可用选项会出现在面板的右侧。

提示:若是只单击复选框左侧的方框,可在不查看选项的情况下启用或停用这些选项。

3.1.2　画笔预设

单击"画笔"面板左侧的"画笔预设"面板,在"画笔笔尖形状"列表内可以任意选择其中一种预设的画笔,预设画笔是一种存储的画笔笔尖,带有诸如大小、形状和硬度等定义的特性。在"主直径"选项内可以调整笔尖的直径。

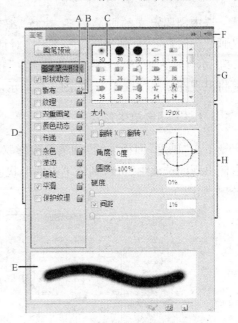

A—已锁定　B—未锁定　C—选中的画笔笔尖　D—画笔设置　E—画笔描边预览　F—弹出式菜单　G—画笔笔尖形状(在选中了"画笔笔尖形状"选项时可用)　H—画笔选项

图 3.2

如果将光标放在一个画笔笔尖上,会出现此画笔笔尖的文字提示,如图 3.3 所示。点击画笔笔尖,在面板下面的画笔描边预览区域内会显示出画笔的绘制效果,如图 3.4 所示。

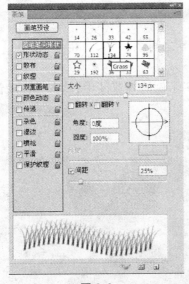

图 3.3

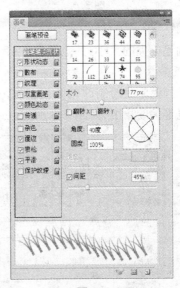

图 3.4

利用"画笔"面板中的选项可以设置出新的画笔样式,如果需要重复使用的话,可以将其存储在面板中。

选中需要定义的画笔图案,执行"编辑"→"定义画笔预设"命令,弹出"画笔名称"对话框,如图3.5所示。输入画笔的名称,单击"确定"按钮,新画笔将出现在画笔预设库中,如图3.6所示。

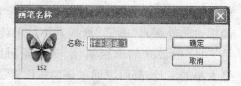

图3.5

3.1.3 画笔笔尖形状

单击"画笔"面板中的"画笔笔尖形状"选项,在右侧出现的选项中,可对画笔笔尖的形状进行设置,可更改其大小、角度或边缘柔化程度等选项,如图3.7所示。

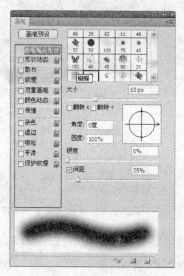

图3.6

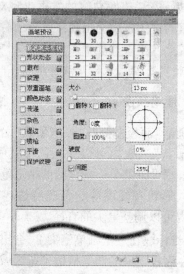

图3.7

1. 大小

设置画笔笔尖的大小,其范围在1~2 500像素之间。

2. 角度

可定义画笔笔尖绘制时的角度。在右侧箭头示例的缩览图中,单击并拖动箭头,可手动调整画笔笔尖的角度,如图3.8所示。

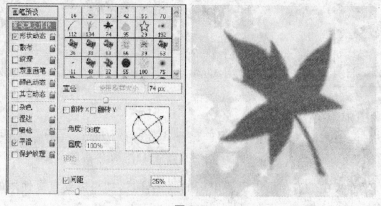

图3.8

3. 圆度

设置画笔笔尖的形状以正圆或椭圆的图像绘制,如图 3.9 所示。

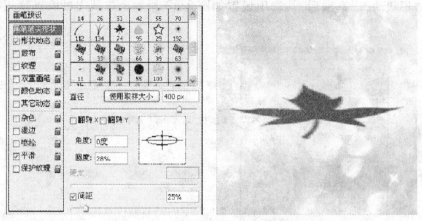

图 3.9

4. 硬度

设置画笔边缘的柔化程度,如图 3.10 所示,该参数值越大,画笔笔尖越尖锐。

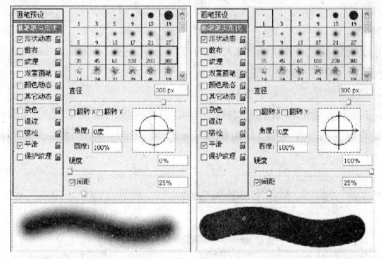

图 3.10

5. 间距

该复选框可设置 2 个画笔笔尖之间的距离,如图 3.11 所示为设置不同值后的对比效果。差值越大,画笔笔尖之间的距离越大。

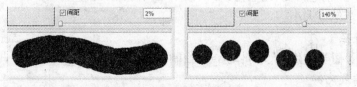

图 3.11

3.1.4　形状动态

选中"形状动态"选项后,其选项设置如图 3.12 所示。在其中可设置描边时的画笔笔尖。

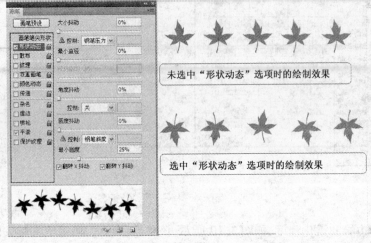

图 3.12

1. 大小抖动

该选项可以指定描边中画笔笔尖大小的改变方式。在"控制"下拉列表中可选择选项以指定如何控制画笔笔尖的大小变化。

● 关:不控制画笔笔尖的大小变化。

● 渐隐:按指定数量的步长在初始直径和最小直径之间渐隐画笔笔尖的大小。其中每个步长等于画笔笔尖的一个笔迹,其范围在 1～9 999 之间。选择该选项后的绘制效果如图 3.13所示。

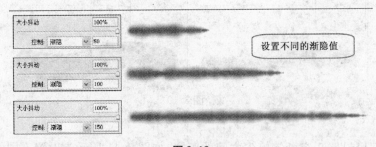

图 3.13

● 钢笔压力、钢笔斜度、光笔轮:可依据钢笔的压力、斜度等设置在初始直径和最小直径之间改变画笔笔迹大小。

2. 最小直径

该选项可设置当使用"大小抖动"或"控制"时画笔笔尖可缩放的最小百分比。

3. 倾斜缩放比例

设定当"大小抖动"中的"控制"选项设置为"钢笔斜度"时,在旋转前应用于画笔高度的比例因子。

4．角度抖动

可设定描边中画笔笔尖角度的改变方式,其中可设置 360°的百分比值以指定抖动的最大百分比。利用"控制"下拉列表可指定控制画笔笔尖角度变化的方式。

● 关:不控制画笔笔尖的角度变化。

● 渐隐:按指定数量的步长,在 0°~360°之间渐隐画笔笔尖角度。

● 钢笔压力、钢笔斜度、光笔轮、旋转:依据钢笔压力、钢笔斜度、钢笔拇指轮位置或钢笔的旋转方向在 0°~360°之间改变画笔笔尖的角度。

● 初始方向：使画笔笔迹的角度基于画笔描边的初始方向。

● 方向：使画笔笔迹的角度基于画笔描边的方向。

5．圆度抖动

该选项可指定画笔笔迹的圆度在绘制时的改变方式。通过"控制"下拉列表,可指定控制画笔笔迹的圆度变化。

● 关：不控制画笔笔迹的圆度变化。

● 渐隐：按指定数量的步长在 100% 和最小圆度值之间渐隐画笔笔尖的圆度。

● 钢笔压力、钢笔斜度、光笔轮、旋转：依据钢笔压力、钢笔斜度、钢笔拇指轮位置或钢笔的旋转方向在 100% 和最小圆度值之间改变画笔笔迹的圆度。

6．最小圆度

指定当"圆度抖动"或"圆度控制"启用时画笔笔尖的最小圆度。

3.1.5 散布

单击选中"散布"选项组,其选项设置如图 3.14所示。利用该选项组中的选项可确定描边中笔尖的数目和位置,可创建出类似喷笔的图像效果。

1．散布

指定画笔笔尖在描边中的分布方式。单击选中"两轴"复选框时,画笔笔尖将按径向分布;若取消"两轴"复选框,画笔笔尖将垂直于描边路径分布。该参数值越大,散布的效果越大。

"控制"选项可指定如何控制画笔笔尖的散布变化。

● 关：不控制画笔笔尖的散布变化。

● 渐隐：按指定数量的步长将画笔笔尖的散布从最大散布渐隐到无散布。

● 钢笔压力、钢笔斜度、光笔轮、旋转：依据钢笔压力、钢笔斜度、钢笔拇指轮位置或钢笔的旋转方向来改变画笔笔尖的散布。

图 3.14

2．数量

该选项设定在每个间距间隔应用的画笔笔尖数量，如果在不增大间距值或散布值的情况下增加数量，会影响绘制后的图像效果。

3．数量抖动

设定画笔笔尖的数量根据间距间隔而变化的态势。

3.1.6 纹理

在"画笔"面板中选中"纹理"选项组，其选项设置如图 3.15 所示。该选项可以将图案添加到画笔描边上，使描边看起来像是在带纹理的画布上绘制的一样。

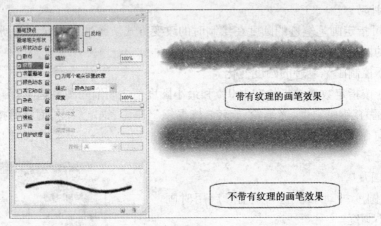

图 3.15

1．反相

选中该复选框后，可基于图案色调将纹理中的亮点和暗点反转。其中图案中的最亮区域为纹理中的暗点，并接收最少的颜色；图案中的最暗区域为纹理中的亮点，接收最多的颜色。当取消该选项时，则情况相反。

2．缩放

该选项可指定图案的缩放比例。

3．为每个笔尖设置纹理

选中该复选框，可将选定的纹理单独应用于画笔描边中的每个画笔笔尖，而不是作为整体应用于画笔描边。

4．模式

设定用于组合画笔和图案的混合模式。

5．深度

设定色彩渗入纹理中的深度。

6．最小深度

设定色彩可渗入的最小深度。

7．深度抖动

设定当选中"为每个笔尖设置纹理"复选框时深度的改变方式。通过"控制"下拉列表可设定控制画笔笔尖的深度变化。

● 关：不控制画笔笔尖的深度变化。

● 渐隐：按设定数量的步长从深度抖动百分比渐隐到最小深度百分比。

● 钢笔压力、钢笔斜度、光笔轮、旋转：依据钢笔压力、钢笔斜度、钢笔拇指轮位置或钢笔旋转方向来改变深度。

3.1.7　双重画笔

1. 模式

该选项可改变主要笔尖和下一个笔尖组合画笔笔尖时使用的图像混合效果，如图 3.16 所示，这是设置不同混合模式后的绘制效果。

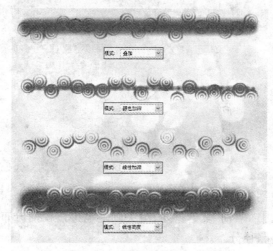

图 3.16

2. 直径

该选项可控制 2 个笔尖绘制时的画笔大小，如图 3.17 所示。若单击"使用取样大小"按钮，可恢复画笔笔尖的原始直径。

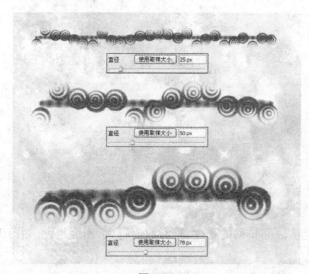

图 3.17

注意:只有当画笔笔尖形状是通过视图中的像素样本创建时,"使用取样大小"按钮才可用。

3. 间距

该选项可设定描边中下一个画笔笔尖之间的距离,如图 3.18 所示。

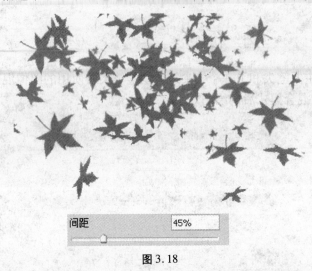

图 3.18

4. 散布

该选项设定描边中笔尖之间画笔的分布方式,如图 3.19 所示。参数越大,下一个笔尖的散布效果越大。当选中"两轴"复选框时,笔尖画笔笔迹按径向分布;若取消该复选框,笔尖画笔笔迹垂直于描边路径分布。

图 3.19

5. 数量

该选项可设定笔尖之间排列的密度,其参数值越大,密度越大,如图 3.20 所示。

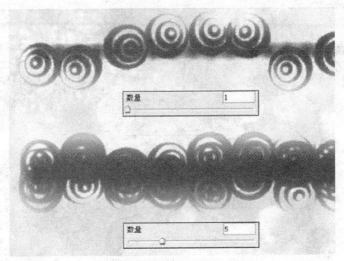

图 3.20

3.1.8　颜色动态

"颜色动态"选项可为绘制的画笔添加丰富的颜色变化效果,如图 3.21 所示。它决定了描边路线中颜色的变化方式。

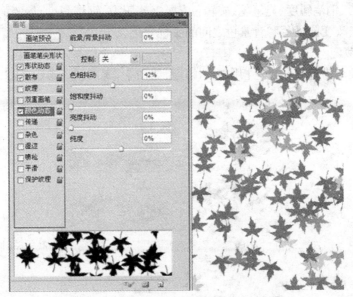

图 3.21

1. 前景/背景抖动

该参数栏可控制前景色和背景色之间的颜色变化方式,如图 3.22 所示。

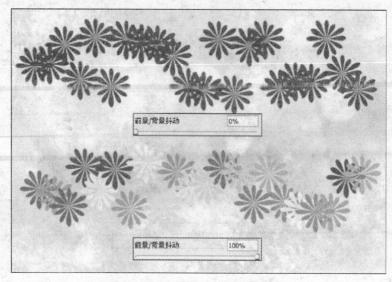

图 3.22

利用"控制"下拉列表可设定控制画笔笔尖的颜色变化。

● 关：不控制画笔笔尖的颜色变化。

● 渐隐：按指定数量的步长在前景色和背景色之间改变颜色。

● 钢笔压力、钢笔斜度、光笔轮、旋转：依据钢笔压力、钢笔斜度、钢笔拇指轮位置或钢笔的旋转方向来改变前景色和背景色之间的颜色变化。

2. 色相抖动

该选项可设定描边中颜色色相影响的幅度，如图 3.23 所示。参数值越大，颜色变化得越丰富。

图 3.23

3. 饱和度抖动

该选项设定描边中颜色饱和度可以改变的百分比。当该参数值较小时,可在改变饱和度的同时保持接近前景色的饱和度;该值较大时,可增大饱和度级别之间的差异。

4. 亮度抖动

该选项可控制描边中颜色的亮度。参数值较小时,可在改变亮度的同时保持接近前景色的亮度;参数值较大时,可增大亮度级别之间的差异。

5. 纯度

该参数栏可增大或减小颜色的饱和度。当该值为 –100 时,颜色将完全去色;当该值为 +100 时,颜色将完全饱和。

3.1.9 传递

使用该选项可控制颜色在描边路线中的改变方式,设置出有透明度变化的画笔效果,如图 3.24 所示。

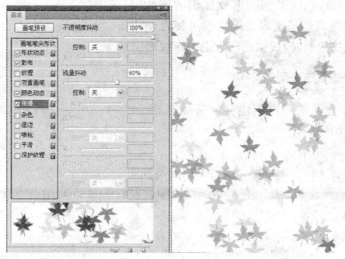

图 3.24

1. 不透明度抖动

该选项设定画笔描边中颜色透明度的变换方式。在"控制"下拉列表中可选择控制画笔笔尖变化的方式。

● 关:不控制画笔笔尖的不透明度变化。

● 渐隐:按指定数量的步长渐隐色彩不透明度。

● 钢笔压力、钢笔斜度、光笔轮:根据钢笔压力、钢笔斜度或钢笔拇指轮的位置来改变色彩的不透明度。

2. 流量抖动

该选项设定画笔描边中流量的变化。通过"控制"下拉列表,可使用以下几个选项进行调控。

● 关:不控制画笔笔尖的流量变化。

● 渐隐:按指定数量的步长渐隐流量。

● 钢笔压力、钢笔斜度或光笔轮：可依据钢笔压力、钢笔斜度或钢笔拇指轮的位置来改变流量。

3.1.10 其他画笔选项

在"画笔"面板中还有一些选项,可针对笔尖的绘制效果进行设置,效果如图 3.25 所示。

杂色：启用该复选框后,将使绘制画笔的边缘随机产生杂边效果。

湿边：可沿画笔边缘增大流量,创建出类似水彩的效果。

喷枪：其效果类似传统的喷枪技术,该选项与属性栏中的"喷枪"选项相对应。

平滑：使画笔在绘制时生成更平滑的曲线。

保护纹理：可将相同图案和缩放比例的属性应用于具有纹理的所有画笔预设。该选项可使在使用多个纹理画笔笔尖绘画时,模拟出一致的画布纹理。

图 3.25

3.1.11 创建自定义画笔

在 Photoshop CS5 中可以创建自定义画笔,通过自定义画笔绘制图形。

具体操作步骤如下：

(1) 打开素材文件夹中的图像文件"1.jpg",如图 3.26 所示。

(2) 选择"椭圆选框工具",在工具属性栏中设置羽化为 25px,在图像上创建一个选区,如图 3.27 所示。

图 3.26

图 3.27

(3) 选择"编辑"→"定义画笔预设"命令,打开如图 3.28 所示的对话框,输入画笔的名称,然后单击"确定"按钮,创建自定义画笔。

　　(4) 打开"画笔"面板,选择面板左侧的"画笔预设"选项,在画笔列表的底部可以找到新建的画笔,如图 3.29 所示。

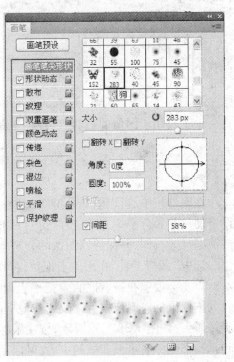

图 3.28　　　　　　　　　　　　　　　图 3.29

3.1.12　定义图案

　　定义图案后,可以重复使用图案填充图层或选区。Photoshop CS5 附带有多种预设图案。也可以创建新图案并将它们存储在库中,以供不同的工具使用。预设图案显示在"油漆桶工具""图案图章工具""修复画笔工具"和"修补工具"属性栏的弹出式面板中以及"图层样式"对话框中。通过从弹出式面板菜单中选取一个选项,更改图案在弹出式面板中的显示方式。

图 3.30

　　定义图案的具体操作步骤如下:打开一幅图像,用"矩形选框工具"选取一块区域,如图 3.30 所示。执行"编辑"→"定义图案"命令,出现"图案名称"对话框,输入图案的名称,单击"确定"按钮,如图 3.31 所示。

　　需要注意的是,必须用"矩形选框工具"选取,并且不能带有羽化(无论是选取前还

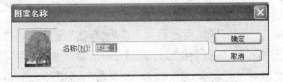

图 3.31

是选取后），否则定义图案的功能就无法使用。另外，如果不创建选区直接定义图案，将把整幅图像作为定义图案。如果正在使用某个图像中的图案并将它应用于另一个图像，则 Photoshop CS5 将转换其颜色模式。

3.2 图像变换工具

3.2.1 裁剪工具

该工具用于图像的裁剪。"裁剪工具"的属性栏如图 3.32 所示。

图 3.32

在属性栏中，可以输入分辨率，但是不管输入的分辨率有多大，最终的图像大小都与所设定的尺寸及分辨率完全一样，也可以直接使用裁剪工具进行裁剪，所得尺寸和拖拉出的裁剪框尺寸相同，并保持原图像的分辨率。

选中"裁剪工具"在图像上拖拉，可以形成四周有 8 个把手的裁剪框，如图 3.33 左图所示。当光标放置在裁剪框的角把手上时，会变成双向箭头，表示可以放大或缩小裁剪框形状。按住鼠标左键拖拉可以改变裁剪框的大小。当鼠标光标移到裁剪框之外时，光标变成旋转箭头，如图 3.38 右图所示，按住鼠标左键拖拉就可以对裁剪框进行旋转。裁剪框的中心有一个图标表示裁剪框的中心，可以用鼠标将其拖动到任意位置。

图 3.33

当使用裁剪工具画完裁剪框后，属性栏如图 3.34 所示。

图 3.34

裁剪区域后面有两个选项，单击"删除"，则执行裁剪命令后，裁剪框以外的部分被删除；单击"隐藏"，则裁剪框以外的部分被隐藏起来，使用"抓手工具"可以对图像进行移动，隐藏的部分可以通过移动显现出来；单击"屏蔽"，可以使裁剪框以外的图像被遮蔽起来，也可以选择遮蔽的颜色"不透明度"，用于设定遮蔽的显示透明度；单击"透视"，裁剪框的每个把手都可以任意移动，可以使正常的图像具有透视效果，也可以使透视效果的图像变成平面效果，如图 3.35 所示。

图 3.35

　　"裁剪工具"中新增了网格选择功能,并且还可以任意移动和旋转选区,如图 3.36、图 3.37 所示。

　　在选区内右击鼠标,可选择"裁剪"或"取消",如图 3.38 所示。

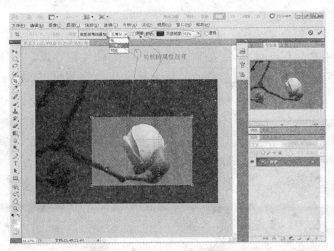

图 3.36

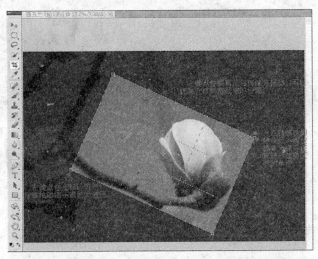

图 3.37

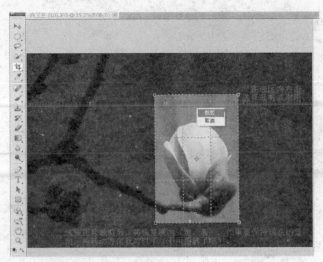

图 3.38

3.2.2　切片工具

该工具可以用来分割图像,从而提高图像在网络上的传输速度。使用时可在画面上拖动鼠标确定要分割的区域,此时被分割的区域会显示出数字编号,如图 3.39 所示。切片工具的属性栏如图 3.40 所示。

图 3.39

图 3.40

3.2.3　切片选择工具

该工具用于选择和调整切割区域,并且能够为切割区域指定链接地址。"切片选择工具"的属性栏如图 3.41 所示。

图 3.41

3.2.4 更改图像大小

使用"图像大小"命令可以调整图像的像素大小、打印尺寸和分辨率。修改图像的像素大小不仅会影响图像在屏幕上的大小,还会影响图像的打印尺寸和分辨率,同时也决定了图像所占用的存储空间。

打开一个图像文件,单击"图像"→"图像大小"命令,打开"图像大小"对话框,如图 3.42所示。

图 3.42

● 像素大小:显示图像的像素大小。要修改像素大小,可在"宽度"和"高度"选项内输入像素的数量,如果要输入当前尺寸的百分比值,则可选择"百分比"作为度量单位。修改像素大小后,图像的新文件大小会出现在"图像大小"对话框的顶部,旧的文件大小在括号内显示,如图 3.43 所示。

图 3.43

● 文档大小:用来设置图像的打印尺寸("宽度"和"高度"选项)和分辨率。如果选择了对话框下面的"重定图像像素"复选框,则修改图像的宽度或高度时,将改变图像中的像素数量。如果减少图像的大小,将相应地减少像素数量;如果增加图像的大小,或提高分辨率,则会增加相应的像素。如果取消选中"重定图像像素"复选框,然后再修改图像的宽度或高度,则图像的像素总量不会变化。

● 缩放样式:如果图像带有应用样式的图层,选择此复选框后,可在调整图像的大小时自动缩放样式效果。只有选择了"约束比例"复选框,才能使用此选项。

● 约束比例:选中此复选框,在修改图像的宽度或高度时,可保持宽度和高度的比例不变,即修改宽度时,会按原有比例自动修改高度,反之亦然。

● 重定图像像素:如果选中"重定图像像素"复选框,则修改图像的宽度或高度时,Photoshop CS5 将使用此选项内设定的插值方法增加或减少像素。其下拉菜单中各选项含义如下:"邻近"是一种速度快但精度低的图像像素模拟方法;"两次线性"是一种通过平均周围像素颜色值来添加像素的方法,可生成中等品质的图像;"两次立方"是一种以周围像素颜色值来添加像素的方法,可生成中等品质的图像;"两次立方(适用于平滑渐变)"是一种基于两次立方插值且旨在产生更平滑效果的图像放大方法;"两次立方(适用于锐利渐变)"是一种基于两次立方插值且具有增强锐化效果的图像缩小方法。

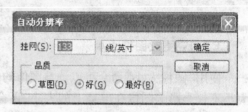

图 3.44

● 自动:单击此按钮,可以打开"自动分辨率"对话框,如图 3.44 所示。在对话框内输入挂网的线数,Photoshop CS5 可以根据输出设备的网频来确定建议使用的图像分辨率。

3.2.5 更改画布大小

画布大小指的是图像的完全可编辑区域。使用"画布大小"命令可以调整图像的画布大小。增大画布大小会在当前图像周围添加新的空间,缩小画布大小会在图像周围进行裁减。

执行"图像"→"画布大小"命令,在打开的"画布大小"对话框中修改画布的宽度和高度参数,即可添加或移去当前图像周围的工作区。

具体操作步骤如下:

(1) 打开素材文件夹中的图像文件"静物.jpg",如图 3.45 所示。

(2) 执行"图像"→"画布大小"命令,打开"画布大小"对话框,如图 3.46 所示。

(3) "当前大小"选项组内显示了当前图像宽度和高度的实际尺寸以及文档的实际大小。在"新建大小"选项组的"宽度"和"高度"文本框中输入新画布的尺寸。

图 3.45

图 3.46

如果选择"相对"选项,"宽度"和"高度"文本框中的数值将代表实际增加或者减少的区域的大小,而不再代表整个文档的大小。此时输入正值可增大画布,输入负值则缩小画布。

（4）单击"定位"选项内的方格，指示当前图像在新画布上的位置，如图 3.47 所示。如果单击中间的方格，可增大或缩小图像四周的画布；单击上面的方格，可增大或缩小图像下面的画布；单击左侧的方格，则增大或缩小右侧的画布，其他依此类推。在"画布扩展颜色"选项内可选择一种画布颜色，在下拉菜单中选择"其他"，单击此选项右侧的白色方形，打开"拾色器"设置画布的颜色，如图 3.48 所示。

图 3.47   图 3.48

（5）单击"确定"按钮，即可增大画布，如图 3.49 所示。

3.2.6 变换对象

Photoshop CS5 中的变换功能是对图像进行缩放、旋转、斜切、伸展或变形处理，可以向选区、图层或图层蒙版应用变换，还可以向路径、矢量形状、矢量蒙版或 Alpha 通道应用变换。

1. "变换"菜单命令

执行"编辑"→"变换"下拉菜单中包含用于变换操作的各种命令，如图 3.50 所示。选择其中的"缩放"、"旋转"、"斜切"、"扭曲"、"透视"命令时，会在对象上显示定界框，调整定界框和控制点可以变换对象，变换方法与自由变换的方法相同，但不需要按下快捷键。

图 3.49

● 再次：如果对对象应用了一次变换，则此命令可用。执行"再次"命令，可以再次对对象应用上一次使用的变换。可以连续执行该命令，或者可以连续按下 < Shift > + < Ctrl > + < T >快捷键来操作。

● 缩放：此命令可以对图像进行放大或缩小操作，如图 3.51 所示。拖动任意一个角的控制点即可进行图像的缩放。

图 3.50　　　　　　　　　　　　　　　　　　　图 3.51

● 旋转与斜切：拖动变换框的任意控制点即可进行旋转与斜切操作，如图 3.52、图 3.53 所示。

图 3.52　　　　　　　　　　　　　　　　　图 3.53

● 扭曲与透视：拖动变换框的任意控制点，即可对图像做扭曲与透视处理，如图 3.54、图 3.55 所示。

图 3.54　　　　　　　　　　　　　　　　　图 3.55

● 变形：选择此命令时，会在图像上显示出变形网格，如图 3.56 所示。此时可在工具属性栏中的"变形样式"下拉列表中选取一种变形样式，对图像进行变形，如图 3.57 所示。也可以拖动网格内的控制点、线条或区域，更改外框和网格的形状，创建自定义的变形效果，如图 3.58 所示。

● 旋转 180 度、旋转 90 度（顺时针）、旋转 90 度（逆时针）：选择"旋转 180 度"命令，对象可旋转

图 3.56

半圈;选择"旋转 90 度(顺时针)"命令,对象可顺时针旋转 1/4 圈;选择"旋转 90 度(逆时针)"命令,对象可逆时针旋转 1/4 圈。

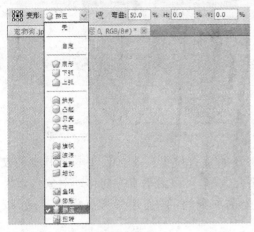

图 3.57　　　　　　　　　　　　　　　图 3.58

● 水平翻转、垂直翻转:可以沿水平或者垂直方向翻转对象,得到的效果分别如图 3.59、图 3.60 所示。

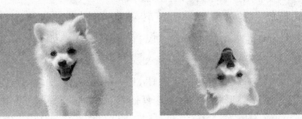

图 3.59　　　　　　　　　　　　　　　图 3.60

2. 自由变换菜单命令

在进行自由变换时,不必选取其他命令,只需在键盘上按住相应的快捷键,即可在变换类型之间进行切换。

执行"编辑"→"自由变换"命令,工具属性栏中会显示变换选项,如图 3.61 所示。通过设置选项可以精确地变换对象。

图 3.61

● 参考点位置 :在进行变换操作时,所有的变换都围绕一个称为参考点的固定点来进行。在默认情况下,这个点位于正在变换的对象的中心,如图 3.62 所示。如果要改变参考点的位置,可以单击选项栏中 。如果要将参考点移动到定界框的左上角,可以单击 左上角的方块,如图 3.63 所示,也可以将中心点移动到其他位置。

图 3.62

图 3.63

● X(设置参考点的水平位置)、Y(设置参考点的垂直位置):在"X"文本框中输入数值,可以沿水平方向移动对象;在"Y"文本框中输入数值,可以沿垂直方向移动对象。如果要相对于当前位置指定新位置,可以单击这两个选项中间的"使用参考点相关定位"按钮△。

● W(设置水平缩放)、H(设置垂直缩放):在"W"文本框内输入数值,可以改变对象的宽度;在"H"文本框内输入数值,可以改变对象的高度。如果想要进行等比缩放,可按下这两个选项中间的"保持长宽比"按钮⬚。

● 旋转 ⬚:如果要精确旋转对象,可以在此选项内输入旋转角度。

● H(设置水平斜切)、V(设置垂直斜切):如果要对图像进行水平和垂直方向的斜切,可以在"H"和"V"文本框中输入数值。

● 变形模式 ⬚:单击此按钮,可以切换到变形模式,对象上会出现变形网格,编辑变形网格可以进行变形操作。如果要切换回自由变换模式,再次单击此按钮即可。

● 取消变换⊘、进行变换✓:如果要确认变换操作,可以单击✓按钮,或者按下回车键。如果要取消变换操作,可以按下⊘按钮,或者按下 <Esc> 键。

选择"自由变换"命令,当前图像上会显示出一个定界框,如图 3.64 所示。调整定界框的控制点并配合相应的快捷键即可变换对象。

(1)缩放:将光标移至定界框的控制点上,当光标显示为↔、↕、↖、↗状时,单击并拖动鼠标可缩放对象,如图 3.65 所示。如果拖动时按住 <Shift> 键,则可以进行等比缩放。

图 3.64

(2)旋转:将光标移至定界框外,当光标显示为↻状时,单击并拖动鼠标可以旋转图像,如图3.66所示。如果拖动时按住 <Shift> 键,可将旋转限制为按 15 度增量进行。

图 3.65 图 3.66

（3）斜切：将光标移至定界框控制点上，按住 < Shift > + < Ctrl > 键，当光标显示为 状时，单击并拖动鼠标可沿水平方向斜切对象，如图 3.67 所示；当光标显示 状时，可沿垂直方向斜切对象，如图 3.68 所示。

图 3.67 图 3.68

（4）扭曲：将光标移至定界框的控制点上，按住 < Ctrl > 键，当光标显示为 状时，单击并拖动鼠标可扭曲对象，如图 3.69、图 3.70 所示。

图 3.69 图 3.70

（5）透视：将光标移至定界框的控制点上，按住 < Shift > + < Ctrl > + < Alt > 组合键，单击并拖动鼠标可以对对象进行透视变换，如图 3.71、图 3.72 所示。

图 3.71　　　　　　　　　　　　　　图 3.72

3.2.7　操控变形

操控变形功能提供了一种可视的网格,借助该网格,可以随意地扭曲特定图像区域的同时保持其他区域不变。

除了图像图层、形状图层和文本图层之外,还可以向图层蒙版和矢量蒙版应用操控变形。

在拍摄照片过程中,发现拍摄不理想,可以利用 Photoshop CS5 的操控变形功能在后期对照片中的人物姿势进行适当的处理。

3.3　图像修饰工具

图像修饰工具包括修复画笔工具组、图案图章工具组、橡皮擦工具组、涂抹工具组和海绵工具组。使用它们可以修复和修饰照片或图像。

3.3.1　仿制图章工具

"仿制图章工具"对于复制对象或去除图像中的缺陷很有用。选择"仿制图章工具"后,按住 < Alt > 键在图像中单击,可以从图像中取样,如图 3.73 所示。取样后,在画面拖动鼠标涂抹可以复制取样内容,如图 3.74 所示。

图 3.73　　　　　　　　　　　　　　图 3.74

如图 3.75 所示为"仿制图章工具"的工具属性栏,其中的"画笔"、"模式"、"不透明度"、"流量"和"喷枪"等选项与"画笔工具"中相应选项的功能相同。

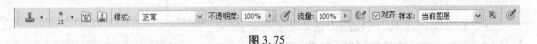

图 3.75

● 对齐:选择此复选框,在连续对像素进行取样时,即使释放鼠标按钮,也不会丢失当前取样点。如果取消选择"对齐",则会在每次停止并重新开始绘制时使用初始取样点中的样本像素。

● 样本:从指定的图层中进行数据取样。要从现用图层及其下方的可见图层中取样,选择"当前和下方图层";要仅从现用图层中取样,选择"当前图层";要从所有可见图层中取样,选择"所有图层";要从调整图层以外的所有可见图层中取样,选择"所有图层",然后单击"取样"弹出式菜单右侧的"忽略调整图层"图标。

3.3.2　图案图章工具

"图案图章工具"可以利用选择的图案或者自己创建的图案进行绘画。选择该工具后,在工具属性栏中选择一个图案,然后在画面中拖动鼠标即可绘画。

如图 3.76 所示为"图案图章工具"的工具属性栏。其中的多数选项都与"画笔工具"相应选项的功能相同。

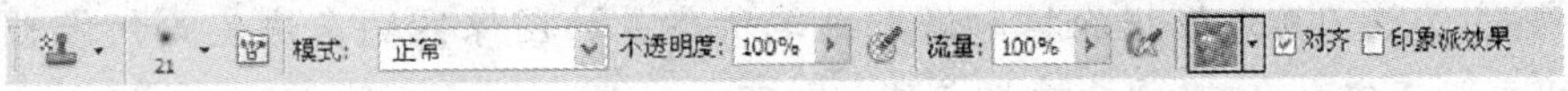

图 3.76

● 图案列表:单击■按钮,可以在打开的下拉菜单中选择一个图案。

● 对齐:选中"对齐"复选框,可以保持图案与原始起点的连续性,即使放开鼠标按键并继续绘画也不例外。取消选中"对齐"复选框,则可在每次停止并开始绘画时重新启动图案。

● 印象派效果:选中此复选框,可创建印象派效果的图案。

3.3.3　污点修复画笔工具

"污点修复画笔工具"可以使用图像或图案中的样本像素进行绘画,并将样本像素的纹理、光照、透明度和阴影与所修复的像素相匹配。如图 3.77 所示为"污点修复画笔工具"的工具属性栏。

图 3.77

● 模式:用来设置修复图像时使用的混合模式。如果选择"替换",则可以在使用柔边画笔时,保留画笔描边的边缘处的杂色、胶片颗粒和纹理。

● 类型:可以选择一种修复的方法。确定样本像素有"近似匹配"、"创建纹理"和"内容识别"三种类型。选择"近似匹配",如果没有为污点建立选区,则样本自动采用污点外部四周的像素;如果选中污点,则样本采用选区外围的像素。选择"创建纹理",则使用选区中的所有像素创建一个用于修复该区域的纹理,如果纹理不起作用,可以再次拖过该区域。选择"内容识别",则比较附近的图像内容,不留痕迹地填充选区,同时保留图像的关键细节,如阴影和对象边缘。

"污点修复画笔工具"的使用方法如下:

(1)打开要修复的图片,如图 3.78 所示。

(2)选择"污点修复画笔工具",然后在属性栏中选取比要修复的区域稍大一点的画笔笔尖。

(3)在要处理的污点的位置单击或拖动即可去除污点,如图 3.79 所示。

图 3.78

图 3.79

注意:由于该工具是根据涂抹时修补画笔所覆盖的图像区域来决定如何修补破损点的,因此,画笔不宜太大,只需比破损点稍大即可。

3.3.4 修复画笔工具

"修复画笔工具"可用于校正瑕疵,使它们消失在周围的图像中。与"仿制图章工具"一样,使用"修复画笔工具"可以使用图像或图案中的样本像素来绘画,但此工具能够将样本像素的纹理、光照、透明度和阴影与所修复的像素进行匹配,从而使修复后的图像无人工痕迹。

如图 3.80 所示为"修复画笔工具"的工具属性栏。其中的"对齐"和"样本"选项与"仿制图章工具"相应选项的功能相同。

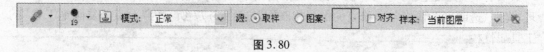
图 3.80

● 画笔:设置画笔大小、硬度、间距等。

● 模式:设置克隆后的像素与原图像的色彩混合模式。

● 源:用来指定用于修复像素的源。选中"取样"复选框后,可按住 < Alt > 键在图像上单击进行取样,然后在需要修复的区域拖动鼠标进行涂抹即可;选中"图案"复选框后,可从此选项右侧的图案下拉菜单中选择一个图案,此时在图像中直接单击并拖动鼠标即可绘制图案。

● 对齐:选中此复选框,会对像素进行连续取样,在修复图像时,取样点随修复位置的移动而变化。若取消选中此复选框,则会在每次停止并重新开始绘制时使用初始取样点中的样本像素。

3.3.5　修补工具

通过使用"修补工具",可以用其他区域或图案中的像素来修复选中的区域。像"修复画笔工具"一样,"修补工具"会将样本像素的纹理、光照和阴影与源像素进行匹配。"修补工具"还可以仿制图像的隔离区域。

如图 3.81 所示为"修补工具"的工具属性栏。

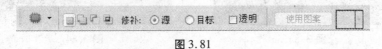

图 3.81

● 选区按钮:单击"新选区"按钮█,拖动鼠标可以创建一个新的选区;单击"添加到选区"按钮█,可在当前选区上添加新的选区;单击"从选区减去"按钮█,可在现有的选区中减去当前绘制的选区;单击"与选区交叉"按钮█,只保留原来的选区与当前创建的选区相交的部分。

● 修补:选中"源"复选框,然后将选区边框拖动到想要从中进行取样的区域,放开鼠标后,原来选中的区域会被使用样本像素修补;选择"目标",然后将选区边框拖动到要修补的区域,放开鼠标时,将使用样本像素修补新选定的区域。

● 使用图案:当使用"修补工具"█在图像中创建一个选区后,可激活"使用图案"选项。在图案下拉菜单中选择一个图案后,单击"使用图案"按钮,可以使用图案填充选定的区域。

"修补工具"的使用方法如下:

(1)将鼠标移动到图片文档窗口,此时,鼠标变为一个带有小钩的补丁形状,使用其绘制一个区域将污点包围。

(2)将鼠标移动到刚才所绘制的源区域中,当鼠标变形时,按住鼠标左键拖动选区到用于修补的区域,松开鼠标后,选区自动回到源区域。

注:"修补工具"可以精确地针对某一个区域用样本或图案进行修复,比"修复画笔工具"更为快捷方便,所以通常使用此工具对照片、图像进行精处理。

3.3.6　红眼工具

使用"红眼工具"可以去除人物或动物在闪光照片中的红眼。

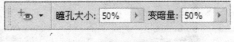

图 3.82

如图 3.82 所示为"红眼工具"的工具属性栏。

● 瞳孔大小:增大或减小受红眼工具影响的区域。

● 变暗量:设置校正的暗度。

3.3.7　颜色替换工具

"颜色替换工具"能够简化图像中特定颜色的替换,可以使用校正颜色在目标颜色上绘画。该工具不适用于位图、索引或多通道颜色模式的图像。如图 3.83 所示为原图像,图 3.84 所示为替换颜色后的效果。

图 3.83 图 3.84

如图 3.85 所示为"颜色替换工具"的工具属性栏。

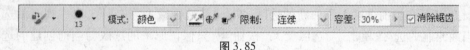

图 3.85

● 取样:用来设置颜色取样的方式。单击:"取样:连续"图标,在拖移鼠标时可连续对颜色取样;单击"取样:一次"图标,替换包含第一次单击的颜色区域中的目标颜色;单击"取样:背景色板"图标,只替换包含当前背景色的区域。

● 限制:选择"不连续",可替换出现在光标下任何位置的样本颜色;选择"连续",可替换与当前光标下的颜色邻近的颜色;选择"查找边缘",可替换包含样本颜色的连续区域,同时可更好地保留形状边缘的锐化程度。

● 容差:用来设置工具的容差。较低的百分比可以替换与单击点像素非常相似的颜色。

● 消除锯齿:选中此复选框,可以为所校正的区域定义平滑的边缘。

3.3.8 涂抹工具

该工具用于模拟用手指涂抹油墨的效果。如图 3.86 为图像做涂抹处理前后的效果比较。其属性栏如图 3.87 所示。

图 3.86

图 3.87

手指绘画:选中此复选框,可以使用每个描边起点处的前景色进行涂抹;若取消选中此复选框,则使用每个描边的起点处光标所在位置的颜色进行涂抹。其他选项与"模糊工具"

和"锐化工具"的选项功能相同。

3.3.9 模糊工具

"模糊工具"可以柔化图像的边界,减少图像的细节。

"模糊工具"的属性栏如图3.88所示。

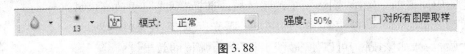

图 3.88

● 强度:表示工具的使用效果,强度越大则工具的效果越明显。

● 对所有图层取样:选中此复选框时,在操作过程中就不会受不同图层的影响。

3.3.10 锐化工具

"锐化工具"用于增加边缘的对比度以增强外观上的锐化程度。用此工具在某个区域上方绘制的次数越多,增强的锐化效果就越明显。

图3.89为使用锐化工具后的效果图。

图 3.89

"锐化工具"的属性栏如图3.90所示,"模糊工具"和"锐化工具"的属性栏很相似。

图 3.90

● 对所有图层取样:以使用所有可见图层中的数据进行锐化处理。如果取消选中该复选框,则该工具只使用现有图层中的数据。

● 保护细节:可以增强细节并使因像素化而产生的不自然感最小化。如果想要夸张的锐化效果,可取消选中此复选框。

3.3.11 减淡工具

"减淡工具"用于使图像区域变亮。用"减淡工具"在某个区域上方绘制的次数越多,该区域就会变得越亮。

"减淡工具"的属性栏如图 3.91 所示。

图 3.91

● 范围:可以选择"阴影"、"中间调"和"高光",分别进行减淡处理。选择"中间调",更改灰色的中间范围。选择"阴影",更改暗区域。选择"高光",更改亮区域。

● 曝光度:控制"减淡工具"的使用效果,曝光度越高,效果越明显。

● 喷枪:激活该按钮,可以使"减淡工具"具有喷枪的效果。

● 保护色调:以最小化阴影和高光中的修剪。该选项还可以防止颜色发生色相偏移。

图 3.92 为对图像做减淡处理前后的效果比较。

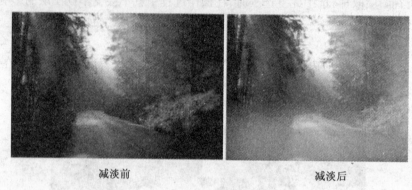

减淡前　　　　　　　　　　　　　减淡后

图 3.92

3.3.12　加深工具

"加深工具"用于使图像区域变暗。用加深工具在某个区域上方绘制的次数越多,该区域就会变得越暗。其属性栏与"减淡工具"属性栏相同。图 3.93 为对图像使用加深处理前后的效果比较。

加深前　　　　　　　　　　　　　加深后

图 3.93

3.3.13　海绵工具

"海绵工具"可精确地更改区域的色彩饱和度。在灰度模式下,该工具通过将灰阶远离或靠近中间灰色来增加或降低对比度。

"海绵工具"的属性栏如图 3.94 所示。

图 3.94

● 模式:该下拉列表框包含两个内容,"增加饱和"选项将增加颜色饱和度,而"降低饱和度"则减少颜色饱和度。

● 流量:用来控制和降低饱和度的程度。

● 自然饱和度:以最小化完全饱和色或不饱和色的修剪。

"海绵工具"的使用方法如下:

(1) 选择"海绵工具"。

(2) 在属性栏中选取画笔笔尖并设置画笔选项。

(3) 在属性栏中,从"模式"下拉列表中选取更改颜色的方式。

(4) 为"海绵工具"指定流量。

(5) 选择"自然饱和度"复选框以最小化完全饱和色或不饱和色的修剪。

(6) 在要修改的图像部分拖动鼠标即可。

3.4　内容识别比例

内容识别比例可在不更改重要可视内容(如人物、建筑、动物等)的情况下调整图像大小。常规缩放在调整图像大小时会统一影响所有像素,而内容识别比例主要影响没有重要可视内容的区域中的像素。内容识别缩放可以放大或缩小图像以改善合成效果、适合版面或更改方向。如果要在调整图像大小时使用一些常规缩放,则可以指定内容识别缩放与常规缩放的比例。

如果要在缩放图像时保留特定的区域,内容识别比例允许在调整大小的过程中使用 Alpha 通道来保护内容。

内容识别比例适用于处理图层和选区。图像可以是 RGB、CMYK、Lab 和灰度颜色模式以及所有位深度。内容识别缩放不适用于处理调整图层、图层蒙版、各个通道、智能对象、3D 图层、视频图层、图层组,或者同时处理多个图层。

3.5　内容识别

所谓内容识别,就是当用户对图像的某一区域进行覆盖填充时,Photoshop CS5 会自动分析周围图像的特点,将图像进行拼接组合后填充在该区域并进行融合,从而达到快速无缝的拼接效果。它轻松地将"填充"命令和"污点修复画笔工具"的功能提升到一个新的高度。

3.6　实例演练

3.6.1　制作蝴蝶

具体操作步骤如下:

（1）新建一个文件,背景色为从淡蓝到深蓝渐变,使用"渐变工具"填充背景,效果如图3.95所示。

（2）选择画笔中的恰当图形做出青草和萤火虫,效果如图3.96所示。

 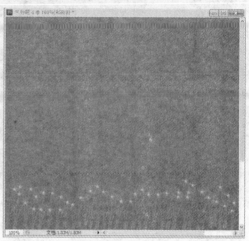

图 3.95   图 3.96

（3）选择画笔中的恰当图形做出星星,效果如图3.97所示。

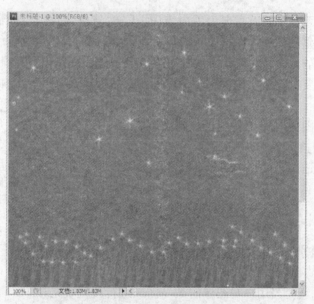

图 3.97

（4）定义素材中的"蝴蝶"文件为画笔,执行"编辑"→"定义画笔预设"命令,弹出"画笔名称"对话框,如图3.98所示,输入画笔的名称"蝴蝶2"。改变当前色、变换位置与大小来制作出不同颜色和不同大小的蝴蝶,如图3.99所示。

图 3.98

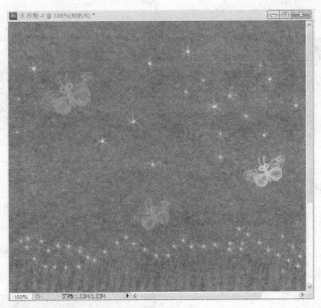

图 3.99

（5）保存为"蝴蝶.PSD"。

3.6.2　去除红眼

在拍摄的数码照片中,有时人物的眼睛会出现红眼现象,这让照片看起来很不美观。下面我们就通过具体实例的操作,用"红眼工具"快速消除红眼。

具体操作步骤如下:

（1）打开要处理红眼的图片。

（2）在 RGB 颜色模式下,选择"红眼工具",在要处理的红眼位置进行拖拉,即可去除红眼。如果对结果不满意,可以还原修正,在属性栏中设置选项,然后再次单击红眼。

（3）保存文件。

注:红眼是由于照相机闪光灯在主体视网膜上反光引起的。在光线暗淡的房间里照相时,由于主体人物的虹膜张开,会频繁地看到红眼。为了避免红眼,可以使用照相机的红眼消除功能。最好使用可安装在相机上远离相机镜头位置的独立闪光装置。

3.6.3　使用内容识别比例做长幅照片

以往我们只可用特殊照相机或复杂的全幅照片方法制作,现在使用 Photoshop CS5 的内容识别比例功能就可以实现了。原图如图 3.100 所示,长幅照片的效果如图 3.101 所示。

图 3.100

图 3.101

具体操作步骤如下：

（1）打开素材文件夹中的照片，双击"图层"，把背景层转化为普通图层，"图层"面板如图 3.102 所示。

（2）改变图片的画布大小，执行"图像"→"画布大小"命令，打开"画布大小"对话框，将宽度设为 41 厘米，高度设为 18 厘米，如图 3.103 所示。

图 3.102

图 3.103

（3）在左边用"矩形选框工具"画出一个矩形范围，执行"编辑"→"内容识别比例"命令，往左边直接拉伸，如图 3.104 所示。

图 3.104

（4）在右边用"矩形选框工具"画出一个矩形范围，执行"编辑"→"内容识别比例"命令，往右边直接拉伸，如图 3.105 所示。

图 3.105

（5）保存文件。

3.6.4　去除照片中多余的景物

如果要想去掉图 3.106 中站着的人物，用传统方式只能使用图章工具，但一点点涂抹是很累的。现在用内容识别填充，一键就可搞定。效果如图 3.107 所示。

图 3.106

图 3.107

具体操作步骤如下：

（1）打开素材文件夹中的文件，如图 3.106 所示。

（2）先用"矩形选框工具"选中要去掉的人物，如图 3.108 所示。

（3）右键点击选框内任意处，选择"填充"，打开"填充"对话框，在"内容"中选中"内容识别"，如图 3.109 所示，再单击"确定"按钮即可。

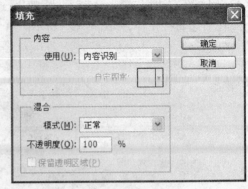

图 3.108　　　　　　　　　　　　　　　　图 3.109

（4）保存文件。

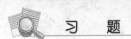 习　题

一、单选题

1. 使用"减淡工具"是为了（　　　）。

A. 使图像中某些区域变暗　　　　　　　　B. 删除图像中的某些像素

C. 使图像中某些区域变亮　　　　　　　　D. 使图像中某些区域的饱和度增加

2. 下列对"模糊工具"功能的描述正确的是（　　　）。

A. "模糊工具"只能使图像的一部分边缘模糊

B. "模糊工具"的强度是不能调整的

C. "模糊工具"可降低相邻像素的对比度

D. 如果在有图层的图像上使用"模糊工具"，只有所选中的图层才会起变化

3. 下面的工具可以减少图像的饱和度的是（　　　）。

A. "加深工具"　　　　　　　　　　　　　B. "锐化工具"（正常模式）

C. "海绵工具"　　　　　　　　　　　　　D. "模糊工具"（正常模式）

二、多选题

1. 当要确认裁剪范围时，需要在裁剪框中双击鼠标或按键盘上的（　　　）键。

A. ＜Return＞　　　　　　B. ＜Esc＞　　　　　　C. ＜Tab＞　　　　　　D. ＜Shift＞

2. 下列对"图像尺寸"命令的描述正确的是（　　　）。

A. "图像尺寸"命令用来改变图像的尺寸

B. "图像尺寸"命令可以将图像放大，而图像的清晰程度不受任何影响

C. "图像尺寸"命令不可以改变图像的分辨率

D. "图像尺寸"命令可以改变图像的分辨率

3. 下列关于"图像大小"对话框的描述正确的是（　　　）。

A. 当选中"约束比例"复选框时，图像的高度和宽度被锁定，不能被修改

B. 当选择"重定图像像素"复选框，但不选中"约束比例"复选框时，图像的宽度、高度和分辨率可以任意修改

C. 在"图像大小"对话框中可修改图像的宽度、高度和分辨率

D."重定图像像素"复选框后面的弹出项中有3种插值运算的方式可供选择,其中"两次立方"是最好的运算方式,但运算速度最慢

三、填空题

1."_____"面板用于选择预设画笔和定义自定义画笔。

2."_____工具"能够简化图像中特定颜色的替换。

四、操作题

1. 去掉照片右下角多余的景物。

原图　　　　　　　　　　　　　　　效果图

图 3.110

2. 去除照片右下角的日期。

原图　　　　　　　　　　效果图

图 3.111

第4章 图 层

本章重点

图层是 Photoshop CS5 图像处理的基础之一,使用图层可以很方便地修改图像,简化图像编辑操作,还可以创建各种图层特效,从而制作出各种特殊效果。通过本章的学习,应重点掌握图层的基础知识、图层编组、图层样式、图层复合的概念与使用方法。

学习目的:

✓ 理解图层的基本概念
✓ 掌握图层的链接、对齐与分布、锁定、合并等各种编辑方法
✓ 掌握图层编组的方法与使用技巧
✓ 掌握图层样式的编辑与应用
✓ 掌握图层混合模式的设置与应用
✓ 掌握图层复合的概念与应用
✓ 能综合应用图层处理问题图片

4.1　图层简介

4.1.1　图层的概念

我们可以把图层比喻成一张张透明的纸,在多张纸上画了不同的东西,然后叠加起来,就是一幅完整的画,通过图层的透明区域,可以看到下面的图层内容,如图 4.1 所示。

图中的各种物体都在不同的图层中,这样可以方便地管理和编辑图像。可以移动图层上的内容,也可以更改图层的不透明度以使图层变得透明。编辑一个图层中的图像时,不会影响其他图层中的图像。

图4.1

要注意的是,图层是有上下顺序的,上面的图层会遮住下面的图层。图中的物体,比如太阳,除了红色太阳的区域外,其余部分是透明的,所以太阳图层下面的物体能够显示出来。

4.1.2 认识"图层"面板

"图层"面板上显示了图像中的所有图层、图层组和图层效果,我们可以使用"图层"面板上的各种功能来完成一些图像编辑任务。

当启动 Photoshop CS5 后,程序界面的默认状态是显示的,但如果在界面上没有显示"图层"面板,可执行如下操作:

选择"窗口"→"图层"命令或按 < F7 > 键可以显示"图层"面板,如图 4.2 所示,其中将显示当前图像的所有图层信息。

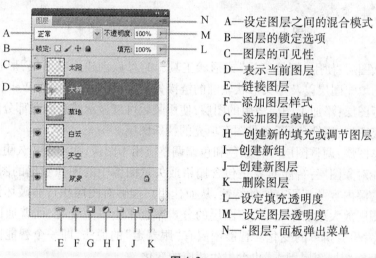

A—设定图层之间的混合模式
B—图层的锁定选项
C—图层的可见性
D—表示当前图层
E—链接图层
F—添加图层样式
G—添加图层蒙版
H—创建新的填充或调节图层
I—创建新组
J—创建新图层
K—删除图层
L—设定填充透明度
M—设定图层透明度
N—"图层"面板弹出菜单

图 4.2

4.1.3 图层的类型

在 Photoshop CS5 中可以创建不同类型的图层,这些图层都有各自的功能和特点。

如果从图层的可编辑性进行分类,可以将图层分为背景图层和普通图层,如图 4.3 所示。

使用白色背景或彩色背景创建图像时,会自动建立一个背景图层,这个图层是被锁定的,位于图层的最底层。一幅图像只能有一个背景图层,我们是无法改变背景图层的排列顺序的,同时也不能修改它的不透明度或混合模式。不过可以将背景转换为普通图层,然后更改这些属性。如果按照透明背景方式建立新文件时,图像就没有背景图层,最下面的图层不会受到功能上的限制。

如果从图层的功能上进行分类,可以将图层分为文字图层、形状图层、蒙版图层、填充图层、调整图层、智能对象图层、智能滤镜图层、3D 图层和视频图层,如图 4.4 所示。

(1)文字图层:在图像中输入文字时生成的图层,文字图层的缩略图显示为字母"T"标志。文字图层不能应用"色彩调整"和"滤镜",也不能使用绘画工具进行编辑,如果要处理,要先将文字图层进行栅格化。具体方法为:选择"图层"→"栅格化"→"文字"命令,可以将文字图层栅格化。

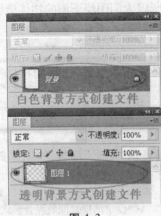

图 4.3

图 4.4

（2）形状图层：使用"钢笔工具"或形状工具组时可以创建形状图层，形状图层包含定义形状颜色的填充图层以及定义形状轮廓的链接矢量蒙版，适用于创建 Web 图形。

（3）蒙版图层：添加了图层蒙版的图层，使用蒙版可以显示或者隐藏部分图像。

（4）填充图层：用纯色、渐变或图案填充的特殊图层。

（5）调整图层：调整图层可将颜色和色调调整应用于图像，而不会永久更改像素值。

（6）智能对象图层：智能对象是包含栅格或矢量图像中的图像数据的图层，智能对象将保留图像的源内容及其所有原始特性，从而让用户能够对图层执行非破坏性编辑。智能对象图层对图层放大或缩小之后，该图层的分辨率也不会发生变化，而普通图层缩小之后再变换，就会发生分辨率的变化。智能图层有"跟着走"的说法，即一个智能图层上发生了变化，对应"智能图层图层副本"也会发生相应的变化。

（7）智能滤镜图层：在"滤镜"菜单中有"智能滤镜"选项。创建智能滤镜的同时，自动会创建"智能图层"。创建智能滤镜之后，会在图层的下面产生子选项，可通过图层前面的眼睛图标来决定是否显示该图层的滤镜效果。这样就可以多个效果重复叠加，而且可以对其中的单个效果进行关闭或开启。此方法类似于"混合选项"。

（8）3D 图层：在打开由 Adobe Acrbat 3D Version 8、3D Studio Max、Alias、Maya 和 Google Earth 等程序创建的 3D 文件生成的图层时，Photoshop CS5 会将 3D 模型放置到单独的 3D 图层上，可以使用 3D 工具移动或缩放 3D 模型，更改光照或更改渲染模式。

（9）视频图层：打开视频文件或图像序列时，帧将包含在视频图层中。

4.2 图层的基本操作

图层的基本操作包括新建图层、选择图层、调整图层的顺序、显示/隐藏图层、移动复制图层等，这些操作都可以在"图层"面板中完成。

4.2.1 新建图层

可以通过以下方法创建新图层：

（1）通过"创建新图层"按钮创建新图层。单击
"图层"面板下方的"创建新图层"图标 ，即可在当
前选择图层的上方新建图层，如图 4.5 所示。若按住
< Ctrl > 键再单击"创建新图层"按钮，则可以在当前图
层的下方新建图层。

（2）通过菜单命令创建新图层。执行菜单"图层"
→"新建"命令，建立新图层。

（3）通过"拷贝"和"粘贴"命令创建新图层。使用
选框工具组确定选择范围，如图 4.6 所示。执行"编
辑"→"拷贝"命令，接着在本图像或其他图像上执行

图 4.5

"编辑"→"粘贴"命令，即会自动给所粘贴的图像新建一个图层，如图 4.7 所示。

（4）通过拖放建立新图层。打开两幅图像文件，使用移动工具 拖动一幅图像到另外
一张图像上，松开鼠标，原图像不受影响，而另一张图像多了一个拖动图像的图层。

图 4.6

图 4.7

4.2.2 选择图层

在 Photoshop CS5 中可以选择一个或者多个图层进行编辑处理。在"图层"面板中单击
某一个图层时，该图层变为深蓝色，即为当前图层。可以通过以下方法选中多个图层：

（1）要选择多个连续的图层，可在"图层"面板中单击第一个图层，然后按住 < Shift >
键单击最后一个图层，如图 4.8 所示。

（2）要选择多个不连续的图层，可按住 < Ctrl > 键并单击其他图层，如图 4.9 所示。

（3）要选择相似类型的图层（例如，所有文字图层），可选择其中一个图层，然后执行
"选择"→"选择相似图层"命令。

图 4.8　　　　　　　　　图 4.9　　　　　　　　　图 4.10

4.2.3　显示与隐藏图层

单击"图层"面板左侧的眼睛图标 ，则可以切换图层的显示与隐藏。显示眼睛的图层为可见图层，没有眼睛的图层为隐藏图层，如图 4.10 所示。

如果按住 <Alt> 键击一个眼睛图标，则只显示该图标对应的图层，其他图层全部被隐藏；再次按住 <Alt> 键单击同一个眼睛图标，即可恢复图层的可见性。

4.2.4　将背景图层转换为普通图层

使用白色背景或彩色背景创建图像时，会自动建立一个背景图层，这个图层是被锁定的。可以使用两种方法对背景图层进行解锁：

（1）双击背景图层，如图 4.11 所示；弹出"新建图层"对话框，如图 4.12 所示；改变名称后单击"确定"按钮，即可将背景图层转换为普通图层，如图 4.13 所示。

（2）执行菜单"图层"→"新建"→"背景图层"命令，也可将背景图层转换为普通图层。

图 4.11

图 4.12

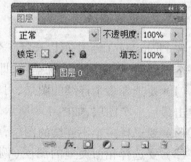

图 4.13

4.2.5　复制图层

在复制图层时，可以在图像内复制图层，也可将图层复制到其他图像或新图像中。可以通过以下方法复制图层：

（1）在"图层"面板上拖动图层到"创建新图层"图标 上，松开鼠标，即可生成一个原图层的副本,如图 4.14、图 4.15 所示。

（2）选中要复制的图层,单击"图层"面板上的弹出菜单 ▼☰ ,选择"复制图层"命令,复制该图层。也可以直接执行"图层"→"复制图层"命令,复制图层。

（3）在不同图像文件之间复制图层:打开两个图像文件,选择移动工具 ▶╬ ,在"图层"面板中将需要复制的图层从源图像拖动到目标图像,即可将此图层复制到目标图像上。

图 4.14

图 4.15

4.2.6 删除图层

删除不再需要的图层可以减小图像文件的大小。可以通过以下方法删除图层:

（1）选择一个或多个图层,单击"图层"面板上的"删除"图标 🗑 ,在弹出的对话框中选择"确定"。

（2）将所选图层拖放到"删除"图标上,也可以直接删除图层。

（3）执行菜单"图层"→"删除"命令,删除所选图层。

4.2.7 移动图层

可以通过以下方法移动图层:

（1）选择要移动的图层,单击移动工具 ▶╬ ,在图像窗口中按住鼠标左键并拖动鼠标即可移动图层,如图 4.16、图 4.17 所示为移动前与移动后的效果。

（2）按下键盘上的 4 个方向键,也可移动图层对象,每次可将对象微移 1 个像素。按住 <Shift> 键同时使用方向键,则可将对象微移 10 个像素。

图 4.16

图 4.17

4.2.8 更改图层顺序

Photoshop CS5 中的图层是按照创建的先后顺序堆叠在一起的,改变图层的顺序会影响图像的最终显示效果。可以通过以下方法调整图层的顺序:

（1）在"图层"面板上,图层分布如图 4.18 所示,拖动当前图层到其他图层,当出现一条黑线的时候松开鼠标,如图 4.19 所示,即可实现图层顺序的调整,如图 4.20 所示。

图 4.18   图 4.19

（2）选择图层，执行"图层"→"排列"命令，在其后的子菜单中可以选择改变图层顺序中的一种，如图 4.21 所示。

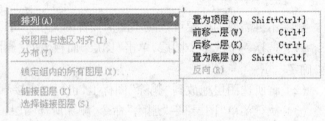

图 4.20   图 4.21

实例 1：绘制八卦图

具体操作步骤如下：

（1）新建一个文件，将背景设置为蓝色。执行"视图"→"显示"→"网格"命令，并拖动标尺上的"参考线"，力求将整个画布的中心位置确定下来，效果如图 4.22 所示。

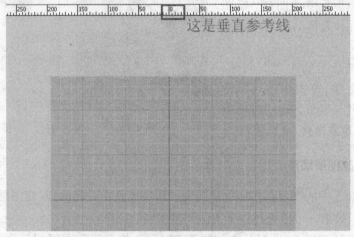

图 4.22

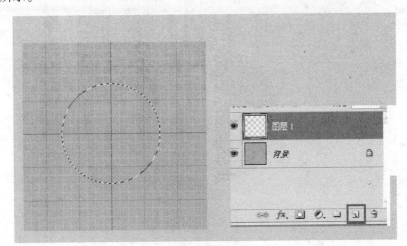

（2）在背景层之上新建图层，按住 < Shift > 键并用"椭圆选框工具"绘制正圆形，效果如图 4.23 所示。

图 4.23

（3）将前景色设置为"白色"，利用 < Alt > + < Delete > 快捷键为圆形填色。

（4）复制"图层 1"，在新的图层上，利用"矩形选框工具"选中圆形的一半，效果如图 4.24 所示。

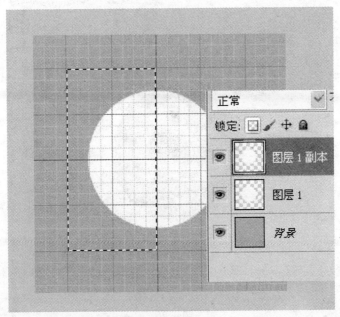

图 4.24

（5）点击"图层"面板上的"锁定透明像素"按钮，再利用 < Alt > + < Del > 快捷键为选区内的半圆形填充黑色，效果如图 4.25 所示。

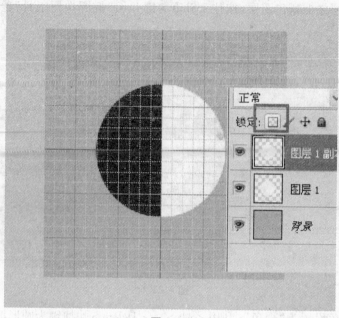

图 4.25

（6）复制最上面的图层（即"图层 1 副本"），将之填充为黑色，效果如图 4.26 所示。

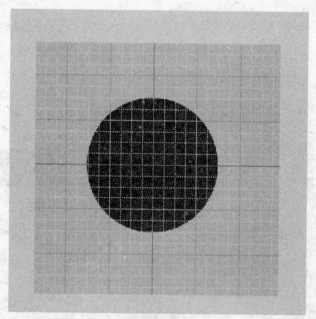

图 4.26

（7）对该图层上的圆形进行自由变换（快捷键为 < Ctrl > + < T >）。单击工具属性栏上"锁定纵横比"图标，将长、宽均设为 50%，并将之移动到合适的位置，效果如图 4.27 所示。

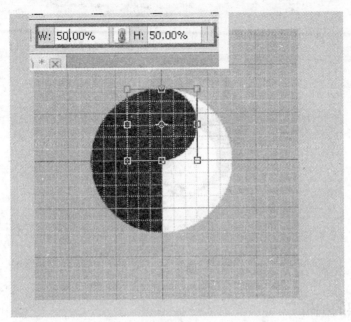

图 4.27

（8）以类似的步骤完成另外的白色部分。至此，图层关系如图4.28所示。

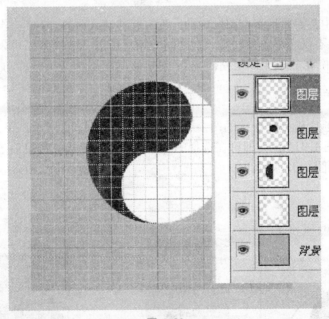

图 4.28

（9）完成所有细节操作后，将"网络线"去除；再对不精确的部分进行调整，最后将图片保存为JPEG格式。最终效果如图4.29所示。

图 4.29

4.3　图层的编辑

4.3.1　链接图层

在实际工作中常需要将多个图层中的元素一起移动或对齐、分布。若使用"移动工具"一个一个地操作,不仅麻烦还会改变元素之间的相对位置。链接图层可以将两个或两个以上的图层链接起来,形成一个图层整体,然后对链接的图层统一执行移动、应用变换以及创建蒙版等操作。

1. 创建链接

在"图层"面板上选择要链接的两个或多个图层,如图 4.30 所示。单击面板底部的"链接"图标 ⚭,如图 4.31 所示,即可在选择的图层之间建立链接。链接后的图层右侧会出现一个链接图标,如图 4.32 所示。

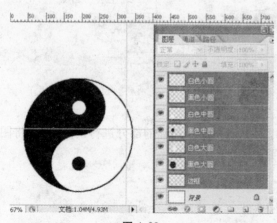

图 4.30

图 4.31

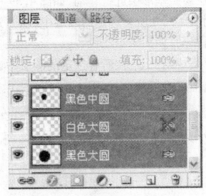

图 4.32　　　　　　　　　　　　　图 4.33

2. 取消链接

选择要取消链接的图层,单击面板底部的"链接"图标 ,可以取消当前图层的链接。

3. 禁用和启用链接

按住 <Shift> 键,单击链接图层右侧的"链接"图标,在"链接"图标上会出现一个红"×",表示当前图层的链接被禁用。如果按住 <Shift> 键,再次单击链接图标,即可重新启用链接,如图 4.33 所示。

4.3.2　对齐与分布图层

在图层操作中可以使用移动工具来调整图层的内容在设计界面中的位置,还可以应用"图层"菜单中"对齐"和"分布"子菜单中的相关命令来排列这些内容的位置。

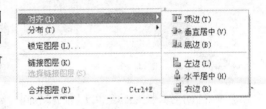

图 4.34

1. 对齐

要对齐多个图层中的内容,可以通过以下方法实现。

(1) 选择多个需要对齐的图层,执行"图层"→"对齐"命令,在下拉菜单中选择合适的对齐命令,如图 4.34 所示。

(2) 选择"移动工具" ,在工具属性栏中单击相应的对齐按钮,如图 4.35 所示。

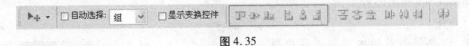

图 4.35

各对齐命令功能如下:

● 顶对齐 :在所有选定的图层中,以原先位于最顶部的图层为基准层,其他图层参照基准层进行移动,如图 4.36 所示为对齐前的图像效果,如图 4.37 所示为设置顶对齐后的效果。

● 垂直居中对齐 :在所有选定的图层中,以原先位于垂直中心的图层为基准层,其他图层参照基准层进行移动,如图 4.38 所示。

● 底对齐 ：与顶对齐类似，在所有选定的图层中，以原先位于最底部的图层为基准层，其他图层参照基准层进行移动，如图 4.39 所示。

● 左对齐 ：在所有选定的图层中，以原先位于最左端的图层为基准层，其他图层参照基准层进行移动，如图 4.40 所示。

● 水平居中对齐 ：在所有选定的图层中，以原先位于水平中心的图层为基准层，其他图层参照基准层进行移动，如图 4.41 所示。

● 右对齐 ：在所有选定的图层中，以原先位于最右端的图层为基准层，其他图层参照基准层进行移动，如图 4.42 所示。

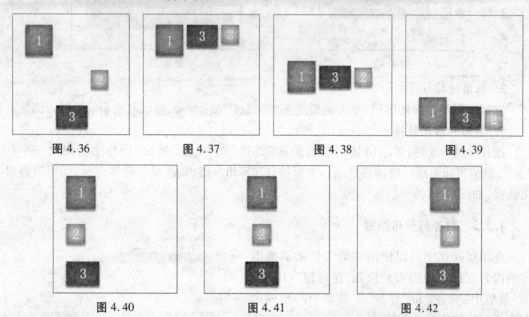

图 4.36   图 4.37   图 4.38   图 4.39

图 4.40   图 4.41   图 4.42

● 自动对齐图层 ：可以根据不同图层中的相似内容（如角和边）自动对齐图层，可以指定一个图层作为参考图层，也可以自动选择参考图层。其他图层将与参考图层对齐，以便匹配的内容能够自行叠加。若图层重叠量不足，将弹出如图 4.43 所示的警告窗口，提示无法进行对齐。

提示：要将图层的内容与选区边框对齐，应先在图像中建立选区，如图 4.44 所示，选中各个图层，执行菜单"图层"→"将图层与选区对齐"命令，或在"移动工具"的属性栏中进行设定，操作步骤与上述内容类似，效果如图 4.45 所示。

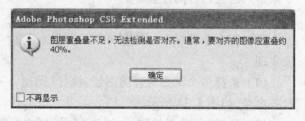

图 4.43

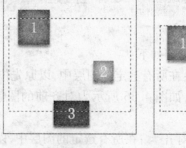

图 4.44   图 4.45

2. 分布

要将图层中的元素进行均匀分布,必须选择或链接三个或三个以上的图层,然后执行菜单"图层"→"分布"命令,可以选择相应的分布方式,如图4.46所示;也可以先选择"移动工具" 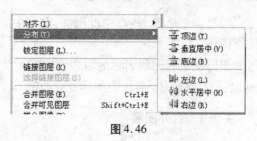 ,在属性栏中进行设定,项目与菜单是相同的,如图4.47所示。

图4.46

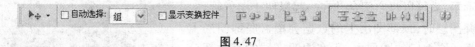

图4.47

各分布命令的功能如下:

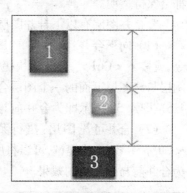

● 顶边分布 :将从每个图层的顶端像素开始,间隔均匀地分布图层,效果如图4.48所示。

● 垂直居中分布 :将从每个图层的垂直中心像素开始,间隔均匀地分布图层。

● 底边分布 :将从每个图层的底端像素开始,间隔均匀地分布图层。

● 左边分布 :将从每个图层的左端像素开始,间隔均匀地分布图层。

● 水平居中分布 :从每个图层的水平中心开始,间隔均匀地分布图层。

图4.48

● 右边分布 :将从每个图层的右端像素开始,间隔均匀地分布图层。

4.3.3 锁定图层

锁定图层功能是为了便于在编辑图像的过程中,保护已经编辑完成的内容。点击"图层"面板中的锁定图标,可以完全或部分锁定图层以保护其内容;再次点击,即可取消锁定。

在"图层"面板中有4个锁定选项可供选择,分别是"锁定透明像素"、"锁定图像像素"、"锁定位置"和"锁定全部",如图4.49所示。

(1) 锁定透明像素 :在图层中没有像素的部分是透明的,所以在操作的时候可以只针对有像素的部分进行操作。点击此图标,即可保护图层的透明部分,编辑范围将被限制在图层的不透明部分。

(2) 锁定图像像素 :点击此图标,不管是透明部分还是图像部分都为不可编辑,此功能可防止绘图工具组误修改图层上的像素。

(3) 锁定位置 :点击此图标,本图层上的图像不能被移动。

图4.49

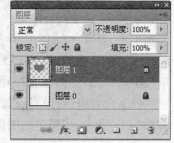

图4.50

（4）锁定全部 🔒：点击此图标，图层中的所有编辑功能将被锁定，图像将不能进行任何编辑操作。

图层锁定后图层名称的右边会出现一个锁图标。当图层完全锁定时，锁图标是实心的 🔒；当图层部分锁定时，锁图标是空心的 🔓，如图 4.50 所示。

4.3.4 合并图层

图形分布在多个图层上，如果确定不会再修改这些图形了，就可以将它们合并在一起以便于图像管理。在合并图层时，顶部图层上的数据会覆盖底部图层上的数据。合并后的图层中，所有透明区域的交叠部分都会保持透明。

要合并图层有以下合并图层的方式。

图 4.51

（1）向下合并：执行菜单"图层"→"向下合并"命令，或按下 < Ctrl > + < E > 快捷键，可以将当前选中的图层与该图层下面的一个图层合并为一个图层。如图 4.51、图 4.52 所示即为合并前与合并后的效果。

（2）合并可见图层：执行菜单"图层"→"合并可见图层"命令，或按下 < Shift > + < Ctrl > + < E > 快捷键，可以将所有可见图层合并为一个图层。如图 4.53、图 4.54 所示即为合并前与合并后的效果。

图 4.52

图 4.53

图 4.54

（3）拼合图像：执行菜单"图层"→"拼合图像"命令，可以将所有可见的图层都合并到背景上，如果其中包含隐藏图层，系统将弹出对话框（图 4.55），询问是否丢弃隐藏的图层。如图 4.56、图 4.57 即为合并前与合并后的效果。

（4）合并图层：如果选择了多个图层，则"图层"菜单中的"向下合并"将变成"合并图层"命令，可以将选择的多个图层合并为一个图层。

（5）合并组：如果当前选中的是一个图层组，则"图层"菜单中的"向下合并"将变成"合并图层组"命令，将整个图层组变成一个图层。

图 4.55　　　　　　　　　图 4.56　　　　　　　　　图 4.57

4.3.5　盖印图层

盖印可以将多个图层的内容合并为一个目标图层,而原来的图层不变。可以通过以下方法盖印图层:

(1) 盖印选定的图层:选择一个图层,如图 4.58 所示,按下 < Ctrl > + < Alt > + < E > 快捷键,可将此图层中的图像盖印到下面图层中,效果如图 4.59 所示。

(2) 盖印多个图层:如果选择了多个图层,如图 4.60 所示,按下 < Ctrl > + < Alt > + < E > 快捷键,会创建新图层,系统将合并后的内容放到新图层中,并在新图层的名称中自动注明为"合并",效果如图 4.61 所示。

图 4.58　　　　　　　　　图 4.59

(3) 盖印可见图层:按下 < Shift > + < Ctrl > + < Alt > + < E > 快捷键,会将所有可见图层都盖印到一个新图层中,如图 4.62 所示。

图 4.60　　　　　　　　　图 4.61　　　　　　　　　图 4.62

4.3.6　调整图层和填充图层

调整图层和填充图层都会在"图层"面板上增加新图层,调整图层可将颜色和色调调整应用于它下面的所有图层,但不是永久更改像素值;填充图层是使用纯色、渐变或图案的方式填充图层,不会影响它下面的图层。

调整图层和填充图层由两部分组成,如图4.63、图4.64所示,左侧为调整图层的缩略图,右侧为图层蒙版,编辑图层蒙版可控制调整或填充的区域。如果在创建调整图层或填充图层时路径处于激活状态,则创建的是"矢量蒙版"而不是"图层蒙版"。

图 4.63　　　　　　　　　　　　图 4.64

1. 调整图层的优点

(1)使用调整图层对图像的颜色和色调进行调整,颜色和色调调整的信息被保存在调整图层上,因此不会改变被调整图像的原有像素。

(2)使用调整图层,将会调整位于它下面的所有图层,因此,同样的调整只需在调整图层上调整一次,而不必分别调整每个图层。

(3)调整图层具有可编辑性,可在调整图层的蒙版上使用不同的灰度色调绘画以控制调整区域和调整效果。

(4)使用调整图层可多次修改调整的参数,在"图层"面板中双击图层缩略图,可弹出相应命令的对话框,然后从中修改调整的参数。

2. 创建调整图层

可以通过以下两种方法创建调整图层:

(1)单击"图层"面板底部的"新建调整图层"图标 ，从如图4.65所示菜单中选择一种图层类型。

图 4.65

(2)执行菜单"图层"→"新建调整图层"命令,从弹出菜单出选择一种图层类型,命名图层,设置图层选项,如图4.66所示。

可以通过以下两种方法创建填充图层。

A. 单击"图层"面板底部的"新建调整图层"图标 ，从菜单中选择创建"纯色"、"渐变"或"图案"类型的填充图层。

B. 执行菜单"图层"→"新建填充图层"命令,从弹出菜单出选择一种图层类型,命名图层,设置图层选项,如图4.67所示。

图 4.66   图 4.67

3. 编辑调整图层和填充图层

在"图层"面板中双击调整图层或填充图层的缩略图,或执行菜单"图层"→"图层内容选项"命令,打开如图 4.68 所示的"调整"面板并进行所需的更改。

4. 合并调整图层和填充图层

可以通过下列方式合并调整图层或填充图层:与其下方的图层合并、与其自身编组图层中的图层合并、与其他选定图层合并以及与所有其他可见图层合并,操作方法与普通图层类似,详见 4.3.4 合并图层。不过,不能将调整图层或填充图层用做合并的目标图层。

将调整图层或填充图层与其下面的图层合并后,所做的调整将被栅格化并永久应用于合并后的图层内,也可以栅格化填充图层但不合并它。

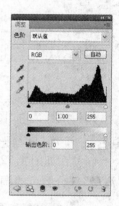

图 4.68

实例 2:利用调整图层改变图像中部分对象的颜色

原图效果如图 4.69 所示,调整后的效果如图 4.70 所示。

图 4.69 原图

图 4.70 效果图

具体效果图操作步骤如下:

(1) 打开素材文件夹中的图像文件"海星.jpg"。

（2）利用"磁性套索工具"将图像中的海星部分选取出来，如图 4.71 所示。

图 4.71

（3）执行菜单"图层"→"新建调整图层"→"色相/饱和度"命令，打开"调整"面板，如图 4.72 所示。新建调整图层后的图层关系如图 4.73 所示。

（4）在如图 4.72 所示的"调整"面板中，拖动"色相"及"饱和度"下的滑块，即能实现"海星"部分颜色的调整。

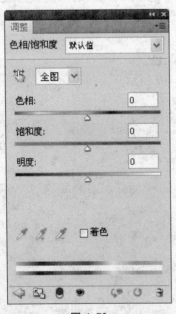

图 4.72

图 4.73

4.3.7　智能对象图层

智能对象是包含栅格或矢量图像中的图像数据的图层。使用智能对象将保留图像的源内容及其所有原始特性，使得用户可以对图层执行非破坏性的变换操作。

1. 创建智能对象

可以通过以下方法创建智能对象:

(1) 选择一个或多个要创建智能对象的图层,执行菜单"图层"→"智能对象"→"转换为智能对象"命令,或点击"图层"面板的弹出式菜单,选择"转换为智能对象"命令,这些图层将被打包为一个智能对象图层。在该图层右下角显示智能对象图标 ,如图 4.74 所示。

(2) 执行菜单"文件"→"打开为智能对象"命令,选择文件,作为新的智能对象打开,如图 4.75、图 4.76 所示。

(3) 执行菜单"文件"→"置入"命令,可将外部图片导入到当前文档中。在新置入的对象上右击鼠标,在快捷菜单中选择"置入"命令,能够将新置入的对象设置为智能对象,如图 4.77、图 4.78 所示。

(4) 将 PDF、AI 图层或对象拖动到文档中。

图 4.74

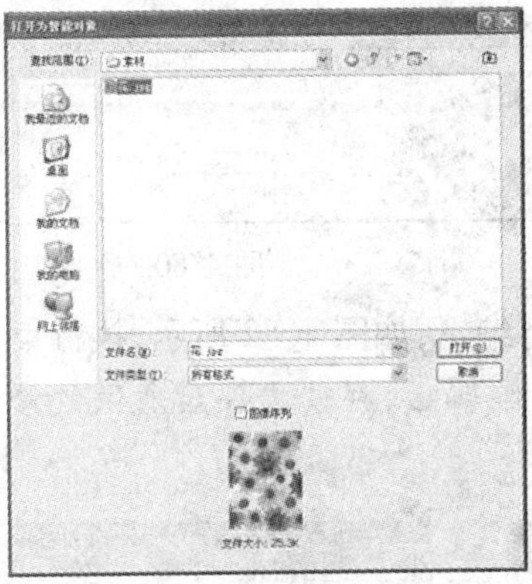

图 4.75

图 4.76

图 4.77

图 4.78

2. 复制

智能对象也是图层的一种,也可以进行复制,但其复制的方法不同,得到的副本与原智能对象的关系也不同。

(1) 执行菜单"图层"→"新建"→"通过拷贝的图层"命令,或将智能对象图层拖动到"图层"面板底部的"创建新图层"图标 上,复制的副本与原智能对象之间存在关联。对原始智能对象所做的编辑会影响副本,而对副本所做的编辑同样也会影响原始智能对象。

(2) 执行菜单"图层"→"智能对象"→"通过拷贝新建智能对象"命令。对原始智能对象所做的编辑不会影响副本,而对副本所做编辑则会影响原始智能对象。

3．编辑智能对象的内容

编辑智能对象时，如果源内容文件是栅格数据或相机原始文件，将会在 Photoshop 中打开；如果源内容文件是矢量 PDF 或 EPS 数据，将会在 Adobe Illustrator 中打开。

编辑步骤如下：

（1）在图 4.79 的基础上，选择智能对象图层，执行菜单"图层"→"智能对象"→"编辑内容"命令，或双击智能对象缩略图，可弹出如图 4.80 所示的对话框，提醒存储对源内容文件所做的更改。

（2）单击"确定"按钮，关闭对话框，智能对象及和它有关联的图层在新的文件中一起被打开，如图 4.81 所示。

图 4.79　　　　　　　　　　　图 4.80　　　　　　　　　　　图 4.81

（3）对源内容文件进行编辑，如图 4.82 所示，执行菜单"文件"→"存储"命令。

提示：对智能对象进行编辑后，存储文件后所做的修改会影响到与之相关联的其他智能对象，如图 4.83 所示。

  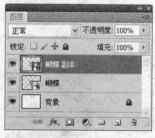

图 4.82　　　　　　　　　　　图 4.83　　　　　　　　　　　图 4.84

4．替换智能对象的内容

可以替换一个智能对象或多个链接实例中的图像数据。当替换智能对象时，将保留对第一个智能对象应用的任何效果。

替换步骤如下：

（1）在图 4.83 的基础上，选择智能对象图层，执行菜单"图层"→"智能对象"→"替换内容"。

（2）选择要使用的文件，单击"置入"完成替换，如图 4.84 所示。

5．导出

Photoshop CS5 将以智能对象的原始置入格式（JPEG、AI、TIFF、PDF 或其他格式）导出智能对象。选择智能对象图层，执行菜单"图层"→"智能对象"→"导出内容"命令，即能将智能对象的内容以 PSD 格式导出。

6. 智能对象转换为普通图层

可将智能对象转换为普通图层,执行菜单"图层"→"栅格化"→"智能对象"命令,"图层"面板上的智能对象图标消失,智能对象被转换为普通图层。

4.4 编组图层

对图层进行编组,可以将图层按照类别放置在不同的图层组内,类似于使用文件夹管理文件。可以像处理普通图层一样,移动、复制、对齐、分布图层组,还可以将图层移入或移出图层组。

4.4.1 图层编组

与新建图层的方法类似,创建图层组同样可以使用按钮方式、图层面板弹出菜单方式和菜单方式。

(1)单击"图层"面板下方的"创建新组"图标 ▢,如图4.85所示,同时按住<Alt>键,可以弹出一个新建图层组的设置对话框,如图4.86所示。确定后可以创建一个空的图层组,如果不按住<Alt>键,则按照默认设置建立一个图层组,如图4.87所示。

(2)选择多个图层,执行菜单"图层"→"图层编组"命令,或按下<Ctrl>+<G>快捷键,可以将所选中的图层编入一个图层组中。效果如图4.88、图4.89所示。

图4.85

图4.86

图4.87

图4.88

图4.89

4.4.2 取消图层编组

可以通过以下方法取消图层编组：

（1）选择图层组，执行菜单"图层"→"取消图层编组"，或按下 < Shift > + < Ctrl > + < G > 快捷键，可删除组文件夹，但图层还在，只是取消了编组。

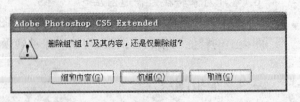

图 4.90

（2）选择图层组，单击"图层"面板下方的"删除"图标 🗑，弹出如图 4.90 所示的对话框。选择"仅组"，只删除图层组，但保留组中的图层，如图 4.91 所示。若选择"组和内容"，则将组和相关图层全部删除。

4.4.3 删除和复制图层组中的图层

创建图层组后，单击图层组前面的三角形图标可以展开/折叠图层组，如图 4.92、图 4.93 所示。

图层在图层组内进行复制和移动等操作与没有图层组时是完全相同的，可以将图层拖动到图层组图标上，如图 4.94 所示，出现黑线时，松开鼠标，将该图层移出图层组，如图 4.95 所示。同样也可将图层移入图层组。

图 4.91

提示：对图层组的选择、复制、移动、删除等操作同图层一样，详细的操作方法可参考图层的基本操作。

图 4.92

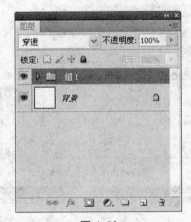

图 4.93

图 4.94   图 4.95

4.5 图层的不透明度

图层的不透明度决定它遮蔽或显示它下一个图层的程度,不透明度为 1% 的图层几乎是透明的,透明度为 100% 的图层则完全不透明。

"图层"面板中的"不透明度"选项用来控制图层总体不透明度,100% 为完全显示。如图 4.96、图 4.97 所示即透明度为 100% 与 50% 的效果。

"图层"面板中"填充"选项用来控制图层的填充不透明度。填充不透明度影响图层中绘制的像素或图层上绘制的形状,但不影响已应用于图层效果的不透明度。如图 4.98 所示,将文字图层的"填充"不透明度设置为 40%,那么图层中文字的不透明度变为 40%,而投影和描边样式的不透明度保持不变。

图 4.96   图 4.97   图 4.98

4.6 图层样式

使用图层样式可以快速地为图层添加特殊效果。Photoshop CS5 为用户提供了各种各样的效果,如投影、发光、斜面、叠加和描边等,在图层上使用这些效果,这些效果将成为图层自定义样式的一部分。

如果图层有样式,"图层"面板中图层名称右侧将出现 *fx* 图标,如图 4.98 所示。在"图层"面板中可展开样式,查看组成样式的所有效果,也可编辑效果以更改样式。

4.6.1 图层的样式

图层样式有自定义样式和预设样式。在图层上设置各种效果,该效果就成为图层的自定义样式;若存储自定义样式,该样式就成为预设样式。预设样式会出现在"样式"面板中,在使用时只需在"样式"面板中选择所需样式即可。

1. 使用预设样式

(1) 使用"样式"面板给图层添加预设样式。

执行菜单"窗口"→"样式"命令,打开"样式"面板,如图 4.99 所示。在面板中单击样式"日落天空"样式,可以将其应用到当前选定的图层上,效果如图 4.100 所示。

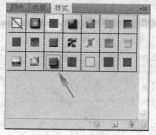

图 4.99　　　　　　　图 4.100

(2) 使用"图层样式"对话框给图层添加样式。

执行菜单"图层"→"图层样式"→"混合选项"命令,弹出"图层样式"对话框。在对话框中,选择最上端的"样式"选项,如图 4.101 所示。在"样式"预览窗口中选择需要的样式,也可将样式应用到当前图层上。

2. 使用自定义样式

可以通过以下方式为图层添加自定义样式:

(1) 选择图层,执行菜单"图层"→"图层样式"命令,在子菜单中选择需要的效果,如图 4.102 所示。

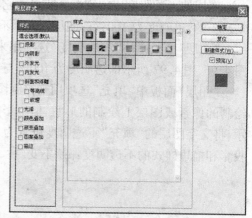

图 4.101

(2) 单击"图层"面板下方的 *fx* 图标,在弹出的菜单中选择效果。

执行上述步骤,弹出"图层样式"对话框,如图 4.101 所示。左侧面板中列了各种图层效果:"投影"、"内阴影"、"外发光"、"内发光"、"斜面和浮雕"、"光泽"、"颜色叠加"、"渐变叠加"、"图案叠加"、"描边"。添加其中任何一种或多种效果都可以创建自定义样式。

效果名称前面的方框有对勾表示选中了该效果,如果要详细设定,需要选中该名称,再在右面进行相应的设置。

图层样式各选项功能如下:

● 投影:在图层内容的后面添加阴影,效果如图 4.103 所示。

● 内阴影:紧靠在图层内容的边缘内添加阴影,使图层具有凹陷外观,效果如图 4.104 所示。

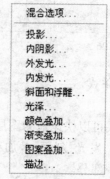

图 4.102

图 4.103

● "外发光"和"内发光":添加从图层内容的外边缘或内边缘发光的效果,效果如图4.105 所示。

● 斜面和浮雕:对图层添加高光与阴影的组合,效果如图4.106 所示。

图4.104   图4.105   图4.106   图4.107

● 光泽:应用于创建光滑、光泽的内部阴影,效果如图4.107 所示。

● 颜色叠加、渐变叠加和图案叠加:用颜色、渐变或图案填充图层内容,效果如图4.108、图4.109、图4.110 所示。

● 描边:使用颜色、渐变或图案在当前图层上描画对象的轮廓。它对于硬边形状(如文字)特别有用,效果如图4.111 所示。

以上每一种效果模式都可以在"图层样式"对话框中对其进行详细的参数设置,灵活地应用效果模式可以创造出花样别出的特殊效果。

图4.108   图4.109   图4.110   图4.111

实例3:利用图层样式定制个性签名

操作步骤如下:

(1)新建文件,在工具箱中选择"文字工具" T ,输入相关文字,如图4.112 所示。

(2)在"图层"面板中选中文字图层,并单击鼠标右键,如图4.113 所示,在弹出的快捷

图4.112

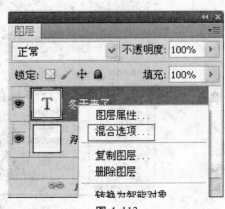

图4.113

菜单中选择"混合选项"命令,打开如图4.114所示的"图层样式"对话框。

(3)选中"阴影"复选框,可以为文字添加阴影效果,各参考数值如图4.114所示。可以在右侧的"预览"中查看参数修改后的效果。

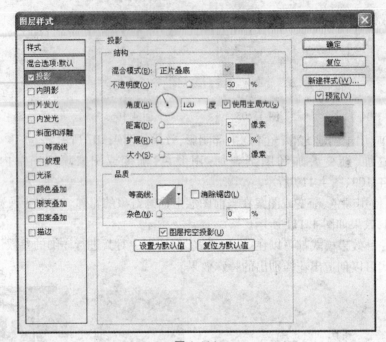

图4.114

(4)选中"斜面和浮雕"复选框,可以为文字添加凹凸效果,各参考数值如图4.115所示。

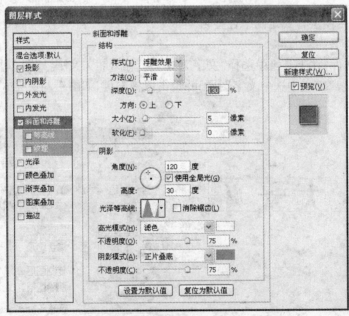

图4.115

（5）添加了图层样式的图层右侧会出现图标 *fx*,表示该图层应用了图层样式,如图4.116所示。

（6）在"图层"面板中选中文字图层,并单击鼠标右键,在弹出的快捷菜单中选择"栅格化图层"命令,如图4.117所示。执行后的图层变化如图4.118所示。

（7）利用"矩形选框工具"选中单个文字,执行菜单"选择"→"载入选区"命令,打开"载入选区"对话框,选中"与选区交叉"复选框,如图4.119所示。选中目标文字,效果如图4.120所示。

图4.116

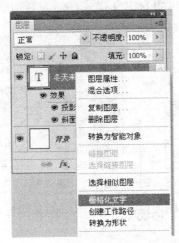

图4.117

图4.118

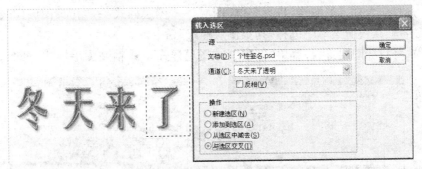

图4.119

（8）执行菜单"编辑"→"变换"命令或利用<Ctrl>+<T>快捷键,可以对选中的对象进行旋转、缩放等设置。

（9）重复步骤(7)、步骤(8),可以实现对其他字的设置。最终效果如图4.121所示。

（10）保存文件。

图 4.120　　　　　　　　　　图 4.121

4.6.2　新建图层样式

如果要在多个图层中应用同一个自定义样式,可以将该自定义样式存储为预设样式,直接在"样式"面板中调用。

在"图层"面板中选择样式所在的图层,单击"样式"面板下方的"新建"图标，弹出如图 4.122 所示的"新建样式"对话框,确定后即可将自定义样式存储为新的图层样式,排列在"样式"面板上,如图 4.123 所示。

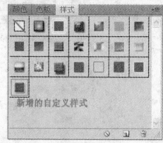

图 4.122　　　　　　　　　　　图 4.123

复制和粘贴样式是对多个图层应用相同效果的便捷方法,在图层间复制样式可通过菜单命令或鼠标拖移的方式来实现。

1. 使用菜单命令复制图层样式

(1) 选择包含样式的图层,执行菜单"图层"→"图层样式"→"拷贝图层样式"命令,或单击鼠标右键,从快捷菜单中选择"拷贝图层样式"命令。

(2) 选择目标图层,执行菜单"图层"→"图层样式"→"粘贴图层样式"命令,或单击鼠

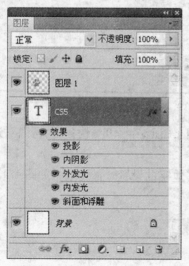

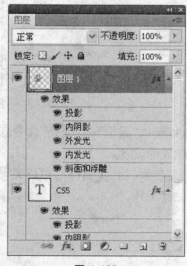

图 4.124　　　　　　　　　　图 4.125

标右键,从快捷菜单中选择"粘贴图层样式"命令,目标图层上应用新粘贴的样式。如图 4.124、图 4.125 所示即为复制样式前与复制样式后的效果。

2. 使用鼠标拖移复制图层样式

在"图层"面板中,按住 < Alt > 键再拖移图层效果到另一个图层上,即可在图层间复制图层样式。

4.6.3 清除图层样式

可以通过以下三种方式删除图层样式:

(1)选择要删除样式的图层,将该图层右侧的 *fx* 拖动到删除图标上,如图 4.126 所示。

(2)选择图层,执行菜单"图层"→"图层样式"→"清除图层样式"命令,或右击"图层",在快捷菜单中选择"清除图层样式"命令。

(3)选择图层,单击"样式"面板底部的"清除样式"图标 ,如图 4.127 所示。

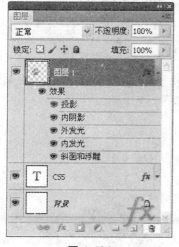

图 4.126

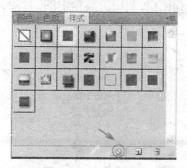

图 4.127 清除样式

实例 4:灵活利用现有图层样式

在本实例中,将对实例 3 中的个性签名添加装饰元素,使得签名更富个性。

操作步骤如下:

(1)打开素材文件夹中的"个性签名. psd"文件,现有图层关系如图 4.128 所示。

(2)执行菜单"窗口"→"样式"命令,打开"样式"面板。

(3)选择"图层"面板中的"冬天来了"图层,再单击"样式"面板下方的"创建新样式"按钮,可以将当前图层的样式添加到"样式"面板中,如图 4.129 所示。

图 4.128　　　　　　　　　　　　　图 4.129

（4）新建图层，利用工具箱中的"自定义形状工具"绘制装饰元素，如图 4.130、图4.131 所示。

图 4.130

图 4.131

（5）选择装饰元素所在的图层，在"样式"面板中选择在步骤(3)中创建的样式，可以将样式应用到当前图层对象中，效果如图 4.132 所示，从图层中也可看到当前图层应用的样式。

（6）重复步骤(4)、步骤(5)，添加其他元素，并适当调整各元素的位置。最终完成效果如图 4.133 所示。

图 4.132

图 4.133

4.7　图层的混合模式

图层的混合模式是指叠加的图层中位于上层的图层像素与其下层的图层像素进行混合的方式,在两个叠加的图层上使用不同的混合模式,叠加后的最终效果也不同。因此,可使用不同的混合模式为图像创建特殊效果。

4.7.1　设置图层的混合模式

以图 4.134 为例,选择图层 2,单击"图层"面板左侧的"设置图层的混合模式"下拉列表框,弹出混合模式子菜单,如图 4.135 所示,从中选择相应的混合模式。

图 4.134

图 4.135

4.7.2　混合模式选项详解

Photoshop CS5 提供了 27 种图层混合模式,下面介绍各种模式的特点。

1．"正常"模式

这是系统默认的状态，上层图层的内容覆盖下层图层的内容，如图 4.136、图 4.137 所示。

图 4.136　　　　　　图 4.137

2．"溶解"模式

根据像素位置的不透明度，结果色由基色或混合色的像素随机替换。选择此模式可创建点状效果，具体效果由设置的图层的不透明度决定。降低图层的不透明度时，点状效果明显；图层的不透明度设为 100% 时，与正常模式没有区别，效果如图 4.138 所示。

3．"变暗"模式

比较绘制的颜色与底色之间的亮度，较亮的像素被较暗的像素取代，而较暗的像素不变。选择此模式的结果是图像整体变暗，其效果如图 4.139 所示。

图 4.138　　　　　　图 4.139

4．"正片叠底"模式

查看每个通道中的颜色信息，并将基色与混合色进行正片叠底，结果色总是较暗的颜色。任何颜色与黑色复合产生黑色，任何颜色与白色复合保持原来的颜色不变。简单地说，正片叠底模式就是突出黑色的像素。

5．"颜色加深"模式

查看每个通道的颜色信息，通过增加对比度使底色的颜色变暗来反映绘图色，和白色混合没有变化。

6．"线性加深"模式

查看每个通道的颜色信息，通过降低对比度使底色的颜色变暗来反映绘图色，和白色混合没有变化。

7．"深色"模式

比较混合色和基色的所有通道值的总和并显示值较小的颜色。深色不会生成第三种颜色，因为它将从基色和混合色中选择最小的通道值来创建结果色。

8．"变亮"模式

与"变暗"模式相反，选择基色或混合色中较亮的颜色作为结果色，较暗的像素被较亮的像素取代，而较亮的像素不变。

9．"滤色"模式

此模式与"正片叠底"模式正好相反，是将混合色的互补色与基色进行正片叠底，结果色总是较亮的颜色。通常执行滤色模式后的颜色都较浅。用黑色过滤时颜色保持不变，用白色过滤将产生白色，而用其他颜色过滤都会产生漂白的效果。

10．"颜色减淡"模式

查看每个通道中的颜色信息，并通过减小对比度使基色变亮以反映混合色，与黑色混合没有变化。

11. "线性减淡（添加）"模式

查看每个通道的颜色信息，通过增加亮度使基色变亮以反映混合色，与黑色混合没有变化。

12. "浅色"模式

比较混合色和基色的所有通道值的总和并显示值较大的颜色。利用浅色模式可以对一幅图片的局部而不是整幅图片进行变亮处理。

13. "叠加"模式

图案或颜色在现有像素上叠加，保留基色的暗调和高光。基色不被替换，与混合色相混以反映原图的亮度或暗度。

14. "柔光"模式

使颜色变暗或变亮，具体取决于混合色。当混合色（光源）比 50% 灰色亮，则图像变亮，就像被减淡了一样；如果混合色（光源）比 50% 灰色暗，则图像变暗，就像被加深了一样。如果基色是白色或黑色，则没有任何效果。

15. "强光"模式

对颜色进行正片叠底或过滤，具体取决于混合色。当混合色（光源）比 50% 灰色亮，则图像变亮，就像过滤后的效果，这对于给图像添加高光非常有用；当混合色（光源）比 50% 灰色暗，则图像变暗，就像正片叠底后的效果，这对于给图像添加阴影非常有用。

16. "亮光"模式

通过增加或减小对比度来加深或减淡颜色，具体取决于混合色。当混合色（光源）比 50% 灰色亮，则通过减小对比度使图像变亮；当混合色（光源）比 50% 灰色暗，则通过增加对比度使图像变暗。

17. "线性光"模式

通过减小或增加亮度来加深或减淡颜色，具体取决于混合色。当混合色（光源）比 50% 灰色亮，则通过增加亮度使图像变亮；当混合色（光源）比 50% 灰色暗，由通过减小亮度使图像变暗。

18. "点光"模式

根据混合色替换颜色。当混合色（光源）比 50% 灰色亮，则替换比混合色暗的像素，比混合色亮的像素不变化；当混合色（光源）比 50% 灰色暗，则替换比混合色亮的像素，比混合色暗的像素不变化。

19. "实色混合"模式

将混合颜色的红色、绿色、蓝色通道值添加到基色的 RGB 值。如果通道的结果总和大于或等于 255，则值为 255；如果小于 255，则值为 0。因此，所有混合像素的红色、绿色、蓝色通道值要么是 0，要么是 255。这会将所有像素更改为原色：红色、绿色、蓝色、青色、黄色、洋红、白色或黑色。

20. "差值"模式

查看每个通道中的颜色信息，并从基色中减去混合色，或从混合色中减去基色，具体取决于哪一个颜色的亮度值更大。与白色混合将反转基色值；与黑色混合则不产生变化。效果如图 4.140 所示。

21. "排除"模式

与"差值"模式类似,但是比"差值"模式生成的颜色对比度小,因而颜色较柔和。与白色混合将使基色反相,与黑色混合则不产生变化。效果如图 4.141 所示。

22. "减去"模式

查看每个通道的颜色信息,并从基色中减去混合色。在 8 位和 16 位图像中,任何生成的负片值都会剪切为零。效果如图 4.142 所示。

图 4.140　　　　　　　图 4.141　　　　　　　图 4.142

23. "划分"模式

查看每个通道的颜色信息,并从基色中分割混合色。效果如图 4.143 所示。

24. "色相"模式

用基色的亮度、饱和度以及混合色的色相来创建最终色。

25. "饱和度"模式

用基色的亮度、色相以及混合色的饱和度来创建结果色。

26. "颜色"模式

用基色的亮度以及混合色的色相、饱和度来创建结果色。这样

图 4.143

可以保护原图的灰阶层次,对于图像的色彩微调,给单色和彩色图像着色都非常有用。

27. "明度"模式

与"颜色"模式相反,用基色的色相、饱和度以及混合色的亮度来创建结果色。

实例 5:巧用图层混合模式给可爱小狗换件衣服

原图效果如图 4.144 所示,处理后的效果如图 4.145 所示。

图 4.144　　　　　　　　　　　　　图 4.145

具体操作步骤如下：

（1）打开素材文件夹中的图像文件"可爱小狗.jpg"。

（2）利用"魔棒工具"或"磁性套索工具"将小狗的衣服转换为选区,效果如图4.146所示。

（3）执行"选择"→"存储选区"命令,打开"存储选区"对话框,并将选区的名称确定为"衣服",效果如图4.147所示。

图4.146

图4.147

（4）打开素材文件夹中的图像文件"花纹.jpg",并将之拖放到小狗的图层上面,图层关系如图4.148所示。

（5）执行"编辑"→"变换"命令或按下 < Ctrl > + < T > 快捷键,对花纹进行大小、位置的调整,如图4.149所示。

图4.148

图4.149

（6）执行"选择"→"载入选区"命令,打开"载入选区"对话框中,在"通道"选项中选择"衣服"项。这时,刚刚存储的选区就被重新载入到文件中,效果如图4.150所示。

（7）这时,要将"衣服"选区之外的内容去除,按住 < Ctrl > + < Shift > + < I > 快捷键进行反选,按 < Delete > 键删除,效果如图4.151所示。

（8）按下 < Ctrl > + < D > 键取消选区,并在"图层"面板中,单击面板上的"设置图层的混合模式"下拉列表框,选择"正片叠底"选项,最终效果如图 4.152 所示。

图 4.150

图 4.151

图 4.152

4.8　图层复合

　　所谓图层复合,就是将图层的位置、透明度、样式等布局信息存储起来,之后可以通过切换来比较几种布局的效果。也就是说,使用图层复合,可以在单个 Photoshop CS5 文件中创建、管理和查看版面的多个版本。图层复合是"图层"面板状态的快照,图层复合记录以下三种类型的图层选项:

　　(1) 图层的可见性:图层显示、隐藏及不透明度设定的状态。

　　(2) 图层位置:图层在文档中的位置。

　　(3) 图层外观:是否将图层样式应用于图层和图层的混合模式。

4.8.1　"图层复合"面板

　　执行菜单"窗口"→"图层复合"命令,可以打开"图层复合"面板,如图 4.153、图 4.154所示。

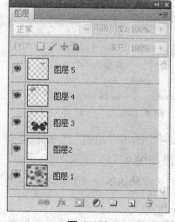

图 4.153

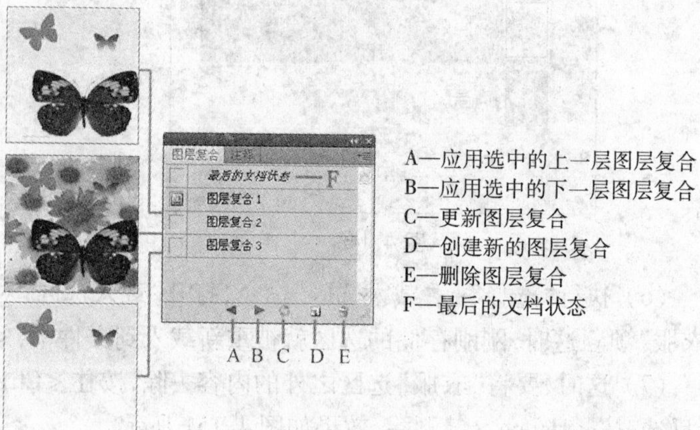

A—应用选中的上一层图层复合
B—应用选中的下一层图层复合
C—更新图层复合
D—创建新的图层复合
E—删除图层复合
F—最后的文档状态

图 4.154

4.8.2 创建图层复合

如果想要记录"图层"面板中图层的当前状态,如图 4.155 所示,单击"图层复合"面板底部的"创建新图层复合"图标 ,打开"新建图层复合"对话框,如图 4.156 所示。设置选项后,即可创建一个图层复合,如图 4.157 所示。

图 4.155   图 4.156   图 4.157

4.8.3 应用并查看图层复合

(1) 要查看图层复合,首先需要应用它。单击选定"应用图层复合"图标 。

(2) 要循环查看所有图层复合,单击面板底部的"上一个"按钮 和"下一个"按钮 (要循环查看特定的复合,要先其选中)。

(3) 要将文档恢复到在选取图层复合之前的状态,单击面板顶部的"最后的文档状态"旁边的"应用图层复合"图标 ,即可恢复到最后的文档状态。

4.8.4 更改和更新图层复合

如果更改了图层复合的配置,如移动了图层的位置或修改了图层样式等,则需要更新图层复合。

在"图层复合"面板中选择需要更新的图层复合,单击面板底部的"更新图层复合"图标 ,即可将修改后的图层状态保存到图层复合中。

4.8.5 清除图层复合警告

创建了图层复合后,某些操作会引发不再能够恢复图层复合的情况。例如,删除图层、合并图层、将图层转换为背景。这时,图层复合名称旁边会显示一个无法完全恢复图层复合的警告图标 。例如,删除了"图层 5",如图 4.158 所示,图层复合面板出现如下变化,如图 4.159 所示。

对于这样的警告图标,可以执行下列操作之一:

(1) 忽略警告,这可能导致丢失一个或多个图层,其他已存储的参数可能会保留下来。

(2) 更新图层复合,单击面板底部的"更新图层复合"图标 ,这将导致以前捕捉的参数丢失,但可使复合保持最新,同时警告图标消失,如图 4.160 所示。

（3）单击警告图标,弹出如图4.161所示对话框,提示图层复合无法正常恢复。选择"清除"可移去警告图标,并使其余图层保持不变。

（4）右键单击警告图标,在快捷菜单中选择"清除图层复合警告"或"清除所有图层复合警告"命令,即可清除警告图标。

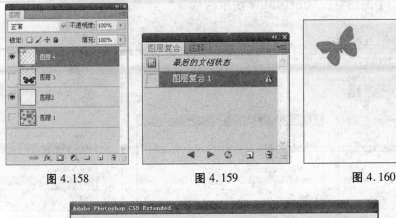

图4.158　　　　　　　　图4.159　　　　　　　　图4.160

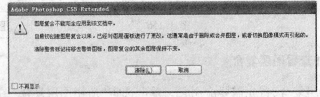

图4.161

4.8.6　删除图层复合

选择图层复合,单击面板底部的"删除图层复合"图标 ,或从面板菜单中选择"删除图层复合"命令,可以删除图层复合。也可以直接将需要删除的图层复合拖动至"删除图层复合"图标 上进行删除。

4.8.7　导出图层复合

可以执行"文件"→"脚本"命令,将图层复合导出到单独的文件或图层复合的 Web 照片画廊,如图4.162所示。

将所有图层复合导出到单独的文件,每个复合为一个文件。还可以将图层复合导出到 Web 照片画廊(WPG),但在计算机上必须安装可选的 Web 照片画廊增效工具。可以在安装盘上的"实用组件"文件夹中找到该增效工具。

图4.162

4.9　实例演练

4.9.1　打造唯美海边风景照

打开素材文件夹中的图像文件"海边风景.jpg"，如图 4.163 所示。处理后的效果如图 4.164 所示。

图 4.163　原图

图 4.164　效果图

具体操作步骤如下：

（1）打开素材文件夹中的图像文件"海边风景.jpg"和"天空素材.jpg"。

（2）将"天空素材.jpg"文件拖放到"海边风景.jpg"图像之上，利用 < Ctrl > + < T > 键调整大小，使之覆盖图像的上半部分。

（3）选择"橡皮擦工具"，在工具选项栏中将橡皮擦的硬度设置为 0，不透明度设置为 62% 左右。

（4）用"橡皮擦工具"小心地在两张图片的衔接部分涂抹，使"天空"到"沙滩"过渡自然。

（5）执行"图层"→"合并图层"命令或按 < Ctrl > + < E > 键合并图层。

（6）复制新图层，执行"滤镜"→"模糊"→"高斯模糊"命令，将模糊半径设置为 5.5；再将该图层的混合模式设置为"滤色"。

（7）再次复制该图层，将新复制图层的混合模式设置为"柔光"，最终效果如图 4.164 所示。

4.9.2　制作水晶按钮

制作如图 4.165 所示的水晶按钮。具体操作步骤如下：

（1）新建文件，在白色背景层上，新建透明图层。

（2）用"矩形选框工具"拖动出一个 220×50 像

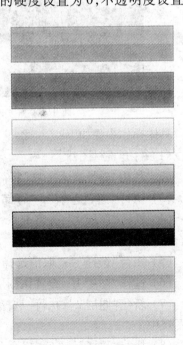
图 4.165

素的矩形选区。

(3) 选择"渐变工具",设置"浅—深—浅"的渐变色,用线性渐变填充矩形选框。

(4) 取消选区,选择按钮所在的图层,设置图层样式:用相似的颜色描边。

(5) 按<Ctrl>键单击按钮所在的图层,载入选区。

(6) 新建图层,用白色填充选区,并调整不透明度为30%,取消选区。

(7) 用"矩形选框工具"选中按钮的下半部,按<Delete>键删除。

(8) 除白色背景外,合并所有图层。

(9) 调整"色相/饱和度",可以创建各种不同颜色的按钮。

(10) 保存文件。

4.9.3 给黑白图片上色

打开素材文件夹中的图像文件"黑白荷花.jpg",如图4.166所示。处理后的效果如图4.167所示。

图4.166　　　　　　　　　　　　　　图4.167

具体操作步骤如下:

(1) 打开素材图片。

(2) 利用"磁性套索工具"将荷花的花朵部分勾选出来,自动形成选区。

(3) 执行菜单"选择"→"存储选区"命令,将花朵选区存储起来,命名为"花朵"。

(4) 新建"图层1",并将前景色设置为玫红色(参考值:#fb57d2),按<Shift> + <F5>组合键填充当前选区。

(5) 执行"选择"→"取消选择"命令或按下<Ctrl> + <D>组合键取消选区。

(6) 选择"图层1",设置该图层的混合模式为"叠加"。

(7) 新建"图层2",执行"选择"→"载入选区"命令,将步骤(3)中存储的选区载入到当前图层中。

(8) 执行"选择"→"反向"命令或按下<Shift> + <Ctrl> + <I>组合键进行反向选择,此时选中的是图像中除了花朵以外的部分。

（9）将前景色设置为"绿色"，按<Shift>+<F5>键填充当前选区。

（10）按下<Ctrl>+<D>键取消选区，同时设置该图层的混合模式为"叠加"，达到最终效果。

可以分别选中荷叶和根茎部分，用深浅不同的绿色进行填充，并进行图层混合样式的应用，使得效果更加逼真。

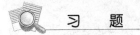

习 题

一、选择题

1. 在使用绘画工具组修改图像时，如果要保证透明区域不受影响，应按下"图层"面板上的（   ）按钮。

A. 锁定透明像素　　　　　　　　B. 锁定图像像素

C. 锁定位置　　　　　　　　　　D. 锁定全部

2. 关于图层不透明度的填充不透明度的说法正确的是（   ）。

A. 当图层中没有图层样式时，调整"填充"和"不透明度"的效果是一样的

B. 要改变图层中样式的整体不透明度，应使用"不透明度"选项

C. 当图层中的图层样式使用了不透明度为100%的"颜色叠加"后，改变图层的"不透明度"数值，图层不会发生变化

D. 当"图层"面板中的图层样式使用了不透明度为100%的"颜色叠加"后，改变图层的"填充"数值，图层不会发生变化

3. 将两个图层创建了链接，则下列陈述正确的是（   ）。

A. 对一个图层添加模糊，另一个也会被添加

B. 对一个图层进行移动，另一个也会随着移动

C. 对一个图层使用样式，另一个也会被使用

D. 对一个图层进行删除，另一个也会被删除

4. 如果一个图层被锁定，下列说法不正确的是（   ）。

A. 此图层可以被移动　　　　　　B. 此图层可以进行任何编辑

C. 此图层不能被编辑　　　　　　D. 此图层像素可以改变

5. 下列（   ）选项是将一个图像中所有图层合并到一个图层中，而其他的图层没有发生任何变化。

A. 向下合并图层　　　　　　　　B. 合并可见图层

C. 盖印可见图层　　　　　　　　D. 合并图像

6. 在"图层"面板中，双击一个图层，在打开的对话框中我们可以对该图层的（   ）进行设置。

A. 样式　　　　B. 混合模式　　　　C. 排列顺序　　　　　　D. 合并

7. 下列对图层样式的说法不正确的是（   ）。

A. 对一个图层使用图层样式后，不能将其中的一个图层样式取消

B. 对图层添加了多个图层样式后，不能将其中的一个图层样式也合并

C. 两个图层都运用了图层样式，若两个图层合并，那么图层样式也合并

D. 图层样式与图层无关，不依赖图层而存在

8. 下列选项中对图层之间混合模式的说法正确的是(　　)。

A. 图层混合模式,实际就是在当前图层添加了某种图层样式

B. 图层混合模式,实际就是在当前图层与当前图层的之下的图层均添加了某种图层样式

C. 图层混合模式,实际就是两个图层之间的特殊的叠加效果

D. 图层混合模式,对图层有不可恢复的损伤

9. 在"路径"面板中单击"从选区建立工作路径"按钮,即创建一条与选区相同形状的路径,利用"直接选择工具"对路径进行编辑,路径区域中的图像将(　　)。

A. 随着路径的编辑而发生相应的变化　　　　B. 没有变化

C. 位置不变,形状改变　　　　　　　　　　D. 形状不变,位置改变

10. 下列关于几种图层混合模式的说法不正确的是(　　)。

A. 图层混合模式的"变暗"模式,就是将当前图层与下一个图层进行比较,只允许下面图层中比当前图层暗的区域显示出来

B. 图层混合模式的"变亮"模式,就是将当前图层与下一图层进行比较,只允许下面图层中比当前图层亮的区域显示出来

C. 图层混合模式的"溶解"模式,可以使当前图层的完全不透明区域和半透明区域的图像像素散化

D. 图层混合模式的"颜色"模式,就是将当前图层中的颜色信息(色相和饱和度)应用到下面的图像中

二、填空题

1. "背景"图层是一种特殊的图层,它永远位于"图层"面板_____,而且很多针对图层的操作在"背景"图层中都不能进行。

2. _____主要用来控制色调和色彩的调整,它存放的是图像的色调和色彩,而不存放图像。

第 5 章 路 径

本章重点

　　路径也是 Photoshop CS5 图像处理的基础之一,其主要用于进行光滑图像选择区域以辅助抠图,绘制光滑线条,定义画笔等工具绘制的轨迹,输出输入路径以及和选择区域之间转换。通过本章学习,应重点掌握各种路径工具的设置及使用方法,灵活应用路径实现特殊效果。

学习目的:

- ✓ 理解路径的基本概念
- ✓ 掌握各种路径工具的设置及使用方法
- ✓ 掌握路径的创建、存储、选择、调整等编辑操作
- ✓ 掌握路径与选区之间转换的方法
- ✓ 掌握输出输入路径的方法与应用
- ✓ 综合应用路径制作特殊图片效果

5.1 路径简介

5.1.1 路径的概念

　　路径是由一条或几条相交或不相交的直线或曲线组合而成的。也就是说,路径可以是封闭的、没有起点的,如图 5.1 所示;也可以是开放的、有两个不同的端点,如图 5.2 所示。

　　路径由以下几部分组成,如图 5.3 所示。

图 5.1

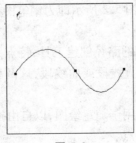

图 5.2

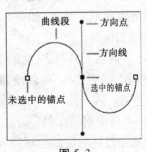

图 5.3

（1）锚点。

锚点是定义路径中每条线段的开始和结束的点,通过它们来固定路径。

（2）线段。

锚点间的线条称为线段。路径是由一条或多条直线段或曲线段组成的。

（3）方向点和方向线。

方向点和方向线的位置决定了曲线段的大小和形状,移动它们将改变路径中曲线的形状。

提示:路径不必是由一系列线段连接起来的一个整体,它也可以包含多个彼此完全不同而且相互独立的路径组件。图 5.4 所示为选择图形路径,图 5.5 所示为选择星形路径。

5.1.2 认识"路径"面板

执行菜单"窗口"→"路径"命令,可以打开"路径"面板。如图 5.6 所示,面板中列出了每条存储的路径,当前工作路径和当前矢量蒙版的名称和缩略图。

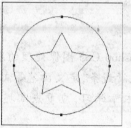

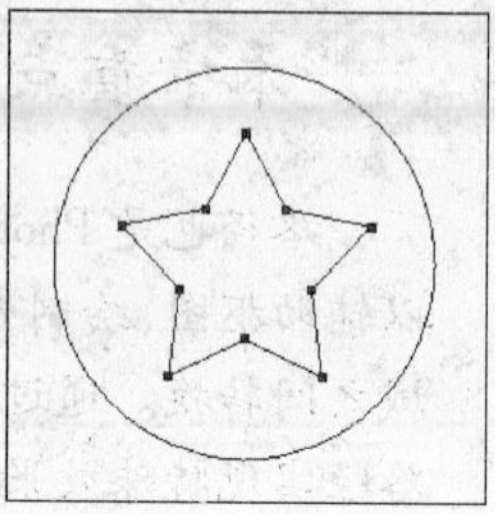

图5.4　　　　　图5.5

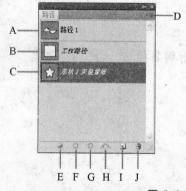

A—存储的路径
B—临时工作路径
C—矢量蒙版路径
D—路径面板弹出式菜单
E—用前景色填充路径
F—用画笔描边路径
G—将路径作为选区载入
H—从选区生成工作路径
I—创建新路径
J—删除当前路径

图 5.6

5.1.3 路径编辑工具

Photoshop CS5 中提供了一组用于生成、编辑、设置路径的工具组,它们位于工具箱中,默认情况下,其图标呈现为"钢笔工具" 及"路径选择工具" 。使用鼠标左键点击此处图标保持两秒钟,将会弹出隐藏的工具组,如图 5.7、图 5.8 所示即为钢笔图标与选择图标隐藏工具组。

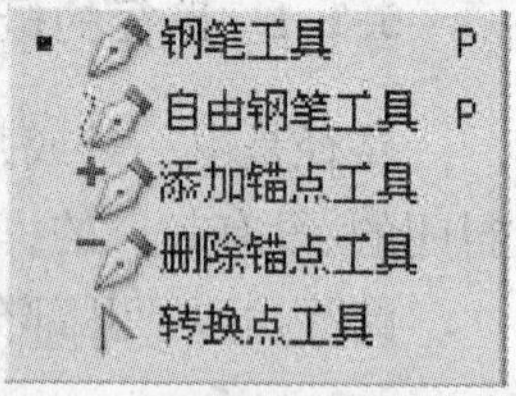

```
钢笔工具        P
自由钢笔工具     P
添加锚点工具
删除锚点工具
转换点工具
```

图 5.7

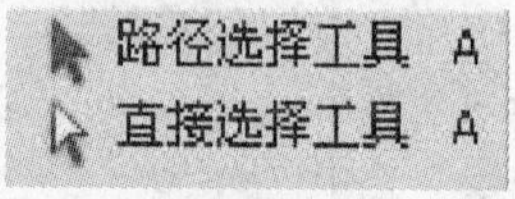

```
路径选择工具    A
直接选择工具    A
```

图 5.8

（1）"钢笔工具" :是最主要的路径创建工具,特点是精确与自动,利用"钢笔工具"可以绘制出直线段或曲线段,这两种线段可以混合连接。

（2）"自由钢笔工具" :主要用于随意绘图,以自由拖动的方式绘制路径线段,系统会自动沿鼠标经过的路线生成路和锚点。

（3）添加锚点工具 ：在现有的路径上增加一个锚点。

（4）删除锚点工具 ：在现在的路径上删除一个锚点。

（5）转换点工具 ：点选锚点，在平滑曲线转折点和直接转折点之间转换。

（6）路径选择工具 ：用于选择整个路径及移动路径。

（7）直接选择工具 ：用于选择路径锚点和改变路径的形状。

5.2 创建路径

5.2.1 使用"钢笔工具"创建路径

钢笔工具是具有最高精度的绘图工具，它可以绘制直线和平滑的曲线，如图 5.9 所示为"钢笔工具"的属性栏。

图 5.9

工具属性栏中各图标和选项的功能如下：

● "形状图层"图标 ：通过此图标可以创建形状图层。形状图层包含使用前景色或者所选样式填充的填充图层，以及定义形状轮廓的矢量蒙版，填充图层与蒙版之间为链接状态，如图 5.10 所示。形状轮廓是路径，它出现在"路径"面板中，如图 5.11 所示。

● "路径"图标 ：通过此图标可以创建工作路径。工作路径是出现在"路径"面板中的临时路径，用于定义形状的轮廓，如图 5.12 所示。

图 5.10

● "填充像素"图标 ：通过此图标可以直接在当前图层上绘制栅格化的图形，与绘图工具组的功能非常类似。在此模式中，创建的是栅格图像，而不是矢量图形，如图 5.13 所示。可以像处理任何栅格图像一样来处理绘制的形状，但此模式只能用于形状工具组，不能用于"钢笔工具"。

图 5.11

图 5.12

图 5.13

● 工具按钮:"钢笔工具"和形状工具组的属性栏中都有一组工具按钮,按下某个图标就可以选择相应的工具,可选择的工具包括:"钢笔工具" 、"自由钢笔工具" 、"矩形工具" 、"圆角矩形工具" 、"椭圆工具" 、"多边形工具" 、"直线工具" 和"自定义工具" 。

● 自动添加/删除:选中此复选框后,使用"钢笔工具"在路径上单击可以添加一个锚点,如图 5.14 所示;在锚点上单击时,则可以删除该锚点,如图 5.15 所示。

● 橡皮带:选中此复选框后,在拖动鼠标时,可以预览两次单击之间的路径段,如图 5.16 所示。

图 5.14

图 5.15

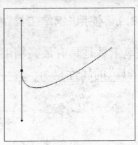
图 5.16

● "添加到路径区域"图标 :可以将新绘制的区域添加到现有形状或路径中。例如,已有如图 5.17 所示的路径,新绘制路径后的效果如图 5.18 所示。

图 5.17

图 5.18

● "从路径区域减去"图标 :可以将重叠区域从现有开头或路径中移去,如图 5.19 所示。

● "交叉路径区域"图标 :可以将区域限制为新区域与现有形状或路径的交叉区域,如图 5.20 所示。

● "重叠路径区域除外"图标 :可以从新区域和现有区域的合并区域中排除重叠区域,如图 5.21 所示。

图 5.19

图 5.20

图 5.21

1. 绘制直线

使用"钢笔工具"可以绘制的最简单路径是直线,方法是通过单击"钢笔工具"创建两个锚点。继续单击可创建由角点连接的直线段组成的路径。

操作步骤如下:

（1）将"钢笔工具"定位到直线起点并单击，以定义第一个锚点，如图 5.22 所示。这里不需要拖动鼠标。

（2）移动"钢笔工具"的位置，再次单击鼠标，从而绘制出路径的第二点，两点之间将自动以直线连接，如图 5.23 所示。若按住＜Shift＞键并单击可以将直线的角度限制为 45°的倍数。

（3）同理，绘制出其他锚点。最后添加的锚点总是显示为实心方形，表示已选中状态。当添加新的锚点时，以前定义的锚点会变成空心并被取消选择，如图 5.24 所示。

  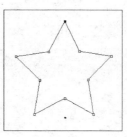

图 5.22　　　　　　　图 5.23　　　　　　　图 5.24

2. 绘制曲线

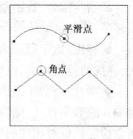

选择"钢笔工具"，在点击鼠标时不松开鼠标，而是拖动鼠标，可以拖动出一条方向线，每一条方向线的斜率决定了曲线的弯度，每一条方向线的长度决定了曲线的高度或者深度。

连续弯曲的路径即是一条连续的波浪形状，是通过平滑点来连接的，非连续弯曲的路径是通过角点连接的，如图 5.25 所示。

图 5.25

具体操作步骤如下：

（1）将"钢笔工具"定位到曲线的起始点，按住鼠标进行拖拉，释放鼠标即可形成第一个曲线锚点。

（2）将鼠标移动到下一个位置，按下并拖动鼠标，即创建平滑的曲线。

根据鼠标拖动方向的不同，创建的曲线形状也有区别：若要创建"C"形曲线，需向前一条方向线的相反方向拖动，如图 5.26 所示。若要创建"S"形曲线，需向与前一条方向线相同的方向拖动，如图 5.27 所示。

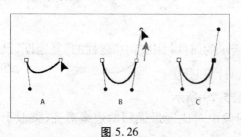

图 5.26　　　　　　　　　　　　　　图 5.27

（3）继续在不同的位置单击并拖动鼠标，可以创建一系列平滑的曲线。

（4）如果要闭合路径，可将"钢笔工具"定位在第一个锚点上，这时钢笔的右下角会出现一个小圆圈，单击鼠标即可封闭路径。如果要保持路径开放，按住＜Ctrl＞键单击路径以外的任意位置。

5.2.2　使用"自由钢笔工具"创建路径

"自由钢笔工具"可用于随意绘图,就像用铅笔在纸上绘图一样。绘图时,将自动在光标经过处生成路径和锚点,无须确定锚点的位置,完成路径后还可以进一步对其进行调整。

如图 5.28 所示为"自由钢笔工具"的属性栏,其选项内容与"钢笔工具"基本相同。

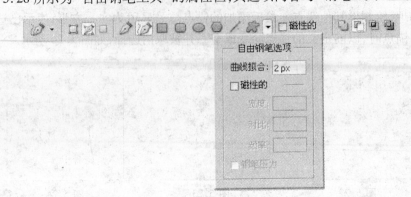

图 5.28

● 曲线拟合:数字范围为 0.5 ~ 10 像素,代表曲线上锚点数量,数字越大,代表路径上锚点越多,路径也就越符合路径的边缘。

● 宽度:数字范围为 1 ~ 256 像素,用来定义"磁性钢笔工具"检索的距离范围。数字越大,寻找的范围越大,也就越有可能导致边缘的准确度降低。

● 对比度:数字范围为 1% ~ 100%,用来定义"磁性钢笔工具"对边缘的敏感程度。如果输入的数字较高,则"磁性钢笔工具"只能检索到和背景对比度较大的物体的边缘;反之,可以检索到低对比度的边缘。

● 频率:数字范围为 0 ~ 100,用来控制"磁性钢笔工具"生成固定点的多少,频率越高,越能快速地固定路径边缘。

5.2.3　使用"磁性钢笔工具"创建路径

"磁性钢笔工具"是"自由钢笔工具"的选项,可以绘制与图像中定义区域的边缘对齐的路径。

具体操作步骤如下:

(1) 选择"自由钢笔工具",在如图 5.28 所示的属性栏中选中"磁性的"复选框,鼠标变为 ;并在"自由钢笔选项"中分别设置宽度、对比和频率。

(2) 在图像中单击,设置第一个锚点,如图 5.29 所示。

(3) 沿对象边缘拖动鼠标,路径段会与图像中对比度最强烈的边缘对齐,类似于使用"磁性套索工具",如图 5.30 所示。

(4) 按 < Enter > 键结束开放路径;双击鼠标闭合路径。

图 5.29

图 5.30

5.2.4 使用"形状工具"创建路径

在工具箱中提供了 6 种形状工具,包括"矩形工具" ▢、"圆角矩形工具" ▢、"椭圆工具" ◯、"多边形工具" ⬡、"直线工具" ╱ 和"自定义工具" ⬡。可以直接使用它们绘制出方形、圆形、多边形以及其他形状的各种路径。

具体操作步骤如下:

(1) 在工具箱中任选一种形状工具,并在如图 5.31 所示的属性栏中单击路径图标 ⬚。

(2) 拖动鼠标,即可绘制路径,如图 5.32 所示。若选择"形状图层"图标 ▢,则可绘制形状图层。形状图层包含填充图层和矢量蒙版,如图 5.33 所示。

图 5.31

图 5.32

图 5.33

5.3 管理路径

5.3.1 存储工作路径

当使用"钢笔工具"或"形状工具"创建工作路径时,新的路径以工作路径的形式出现在"路径"面板中,如图 5.34 所示。该工作路径是临时的,必须存储它以免丢失其内容。如果没有存储便取消选择了工作路径,当再次绘图时,新的路径将取代现有路径。

图 5.34

可以通过以下方法存储路径:

（1）在"路径"面板中选择路径，并拖动到面板底部的"创建新路径"图标 ▣ 上，可以存储路径。

（2）执行"路径"面板菜单中的"存储路径"命令，然后在"存储路径"对话框中输入新的路径名即可。

（3）在"路径"面板中双击路径，在"存储路径"对话框中输入新的路径名即可。

图 5.35

存储后的路径如图 5.35 所示。

5.3.2　重命名存储的路径

双击"路径"面板中的路径名，输入新的名称，即可重命名路径名。

5.3.3　复制和删除路径

可以通过以下方法复制路径：

（1）使用"路径选择工具" ▶ 选择路径后，按住 < Alt > 键拖动鼠标可以复制路径。此时，"路径"面板中并没有创建新路径，而是将原路径与新路径放在一个路径文件中，如图 5.36 所示。

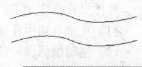

（2）在"路径"面板中选择路径，并拖动到面板底部的"创建新路径"图标 ▣ 上。此时，"路径"面板中会新建一个路径文件，如图 5.37 所示。此方法适用于已存储的路径，而不是临时路径。

图 5.36

（3）使用"路径选择工具"选择路径后，执行菜单"编辑"→"拷贝"命令，或按住 < Ctrl > + < C > 键，复制路径；再执行菜单"编辑"→"粘贴"命令，或按住 < Ctrl > + < V > 键，粘贴路径。此方法适用于两个文件之间复制路径。

图 5.37

图 5.38

图 5.39

5.3.4　隐藏和显示路径

如果要在文档中查看路径，必须在"路径"面板中选择此路径，如图 5.38 所示。如果要隐藏路径，可在面板的空白处单击，取消选择路径，此时可以隐藏画面中的路径，如图 5.39 所示。

实例 1：利用"钢笔工具"绘制可爱企鹅

具体操作步骤如下：

（1）打开素材文件夹中的图像文件"企鹅. jpg"。

（2）在背景层上新建图层，用白色填充该图层，并将不透明度设置为 77% , 如图 5.40 所示，使之能够隐约显示背景层的内容。

（3）选择"钢笔工具" ，将鼠标定位到起点位置，按住鼠标左键进行拖拉，释放鼠标即可形成曲线，效果如图 5.41 所示。

图 5.40

图 5.41

（4）沿着企鹅的轮廓开始绘制，直到回到起点位置。这时，"路径"面板出现新的工作路径，如图 5.42 所示。

（5）双击该路径，将路径重新命名为"外形"，如图 5.43 所示。

图 5.42

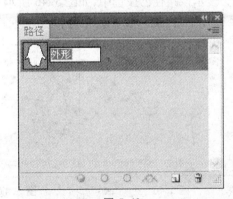

图 5.43

（6）单击"路径"面板下方的"创建新路径"按钮 ，新建路径并命名为"肚皮"，如图 5.44 所示。

（7）利用"钢笔工具"再次进行路径的绘制，直至"肚皮"部分绘制完成。

（8）重复执行步骤（6）、步骤（7），直至所有部件全部绘制完成，效果如图 5.45 所示。

图 5.44

图 5.45

5.4 编辑路径

5.4.1 选择和调整路径

路径选择工具组可以对路径进行选择、移动或调整形状。选择路径组件或路径段将显示选中部分的所有锚点,包括全部的方向线和方向点。路径选择工具组包括"路径选择工具" 和"直接选择工具" 。

1. "路径选择工具"

"路径选择工具"可以选择一个或几个路径,并显示选中部分的所有锚点,包括全部的方向线和方向点。还可以对选择的路径进行移动、复制、组合、排列、分布和变换等操作。

(1)选择"路径选择工具" ,单击路径组件中的任何位置,路径上的所有锚点全部显示为黑色,表示该路径已被选中,如图 5.46 所示。如果路径由几个子路径构成,则只有单击点的路径被选中,如图 5.47 所示。

图 5.46

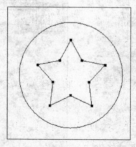

图 5.47

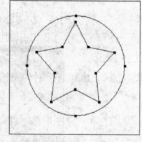

图 5.48

(2)拖动鼠标,即可将选中路径移动到新位置。

如果要添加其他的内容,可以按住 <Shift> 键再单击其他路径或路径段,如图 5.48 所示。

2. "直接选择工具"

"直接选择工具"可以选择一个或多个锚点,移动所选的路径段或改变所选路径段的形状。

(1)选择"直接选择工具" ,单击路径段上某个锚点,如图

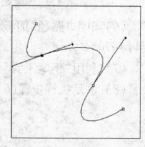

图 5.49

5.49 所示,或是拖动鼠标进行选框选取,选择多个锚点,如图 5.50 所示。

（2）如果选中的是直线段,直接拖动鼠标即可移动所选直线段,如图 5.51 所示;如果选中的是曲线段,可单击所要调整的锚点,并拖动鼠标对其形状进行调整,如图 5.52 所示。

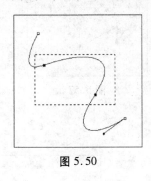
图 5.50

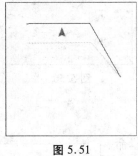
图 5.51

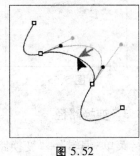
图 5.52

5.4.2 锚点编辑工具

1. 添加或删除锚点

添加锚点可以增强对路径的控制,也可以扩展开放路径,但最好不要添加多余的锚点。可以通过删除不必要的锚点来降低路径的复杂性。

（1）使用"添加锚点工具" ,在路径上单击,可以添加一个锚点,如图 5.53 所示。

（2）使用"删除锚点工具" ,单击锚点,可以删除该锚点,如图 5.54 所示。

如果在"钢笔工具"的属性栏中选中"自动添加/删除"选项,则使用"钢笔工具"在路径上单击时,也可以添加一个锚点;在锚点上单击,可以删除锚点。

图 5.53

图 5.54

2. 转换锚点

创建路径后,可以使用"转换点工具" 将平滑点转换为角点,或者将角点转换为平滑点。

（1）将角点转换为平滑点:选择"转换点工具",单击角点并向外拖动鼠标,出现方向线,即转换为平滑点,如图 5.55、图 5.56 所示。

（2）将平滑点转换为角点:选择"转换点工具",单击平滑点,但不拖动鼠标,即可将平滑点转换为没有方向线的角点;如果单击该平滑点的某个方向点并拖动鼠标,即可将平滑点转换为具有方向线的角点,如图 5.57 所示。

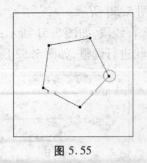 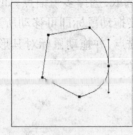 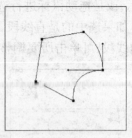

图 5.55　　　　　　　图 5.56　　　　　　　图 5.57

5.4.3　变换路径

执行菜单"编辑"→"变换路径"命令,或按住<Ctrl> + <T>键,可以对当前路径进行缩放、旋转、斜切、扭曲等操作。如图5.58、图5.59所示即为变换前路径和变换后路径。

 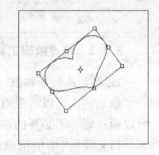

图 5.58　　　　　　图 5.59

5.4.4　扩展开放式路径

创建了开放的路径后,如果想要在此基础上继续绘制路径,可以执行如下步骤:

(1)选择"钢笔工具",将光标定位到该路径的端点,如图5.60所示,光标显示为 状。

(2)单击该端点,即可以继续绘制路径,如图5.61所示。

5.4.5　连接两条开放路径

使用"钢笔工具"可以将两条独立的开放式路径连接为一条路径,可以执行如下步骤:

(1)选择"钢笔工具",将光标定位到一条路径的端点,光标显示为 状。

(2)单击该端点,再单击另一条路径的端点,即可将两条路径连接起来,如图5.62所示。

  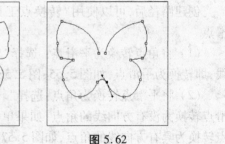

图 5.60　　　　　　　图 5.61　　　　　　　图 5.62

5.5　应用路径

在创建路径后,可以对路径进行填充和描边,也可以将路径与选区互相转换,或者通过剪贴路径输出带有透明背景的图像。

5.5.1 填充路径

使用"钢笔工具"创建的路径只有在经过描边或填充处理后,才会成为图形。对路径区域进行填充,填充颜色将出现在当前选择的图层中,如图 5.63 所示。

可以通过以下方法实现填充路径:

(1) 在"路径"面板中选择相关路径,单击面板底部的"用前景色填充路径"图标 ,可以使用前景色填充当前路径。

(2) 在"路径"面板中选择相关路径,按住 < Alt > 键单击面板底部的"用前景色填充路径"图标 ,或者执行"路径"面板菜单中的"填充路径"命令,打开"填充路径"对话框,如图 5.64 所示,进行参数设置,完成路径的填充。

"填充路径"对话框中,"内容"选项组功能如下:

(1) "使用"选项下拉列表中可以选择填充的内容,包括前景色、背景色、其他颜色、黑色、50% 灰色、白色、图案。如果选择"图案",则"自定图案"选项为可用状态,可以选择一种图案来填充路径,如图 5.65 所示。

(2) "混合"选项组中可以设置填充的混合模式和不透明度。

(3) "渲染"选项组中可以设置填充的羽化半径和消除锯齿。

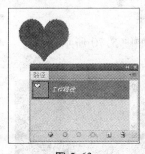
图 5.63

图 5.64

图 5.65

5.5.2 描边路径

"描边路径"命令可用于绘制路径的边框。可以沿任何路径创建绘画描边。对路径进行描边时,颜色值会出现在当前图层上,如图 5.66 所示。

可以通过以下方法实现描边路径:

(1) 在"路径"面板中选择相关路径,单击面板底部的"用画笔描边路径"图标 ,可以使用"画笔工具"描边当前路径。

(2) 在"路径"面板中选择相关路径,按住 < Alt > 键单击面板底部的"用画笔描边路径"图标 ,或者执行"路径"面板菜单中的"描边路径"命令,打开"描边路径"对话框,如图 5.67 所示,进行参数设置,完成路径的描边。

"描边路径"对话框中,在"工具"选项的下拉列表中可以选择多种工具,如"铅笔"、"画笔"、"橡皮擦"、"涂抹"等描边路径,如图 5.68 所示。如果选中"模拟压力"复选框,则描边的线条会产生粗细的变化。

图 5.66　　　　　　　　　　图 5.67　　　　　　　　　　图 5.68

实例 2：利用描边路径打造邮票效果

具体操作步骤如下：

（1）打开素材文件夹中的图像文件"风景.jpg"。

（2）执行菜单"图像"→"画布大小"命令，弹出"画布大小"对话框，如图 5.69 所示。勾选"相对"复选框，并将"宽度"、"高度"均设为 0.5 厘米。

（3）在背景层之上，新建"图层 1"。

（4）选择背景层，按 < Ctrl > + < A > 键，选择整个图像文件。

（5）单击"路径"面板下方的"从选区生成路径"按钮，如图 5.70 所示。

图 5.69　　　　　　　　　　　　　　　　　图 5.70

（6）选择工具箱中的"画笔工具"，并执行菜单"窗口"→"画笔"命令或按 < F5 > 键，打开"画笔"面板，如图 5.71 所示，设置画笔参数。

（7）将前景色设置为"黑色"，并选中"图层 1"。

（8）在"路径"面板中，选择路径，单击鼠标右键，在弹出的快捷菜单中选择"描边路径"命令（图 5.72），效果如图 5.73 所示。

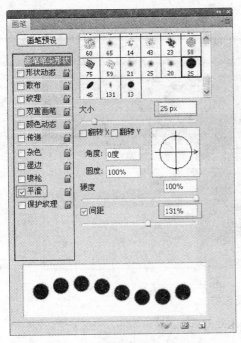

图 5.71

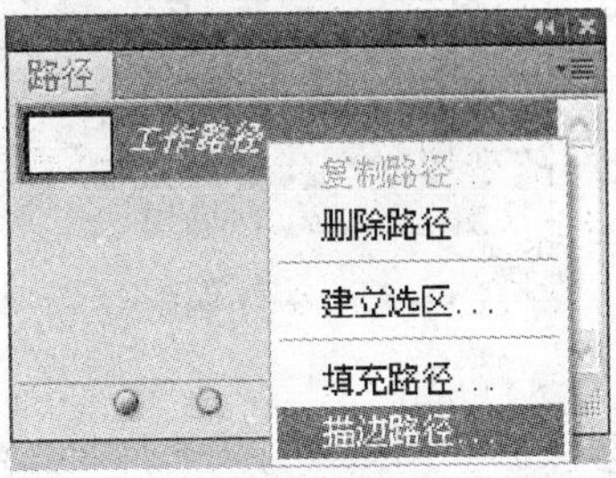

图 5.72

图 5.73

（9）值得注意的是，边缘上的黑点是加在"图层 1"
上，而不是背景层上，如图 5.74 所示。

（10）双击背景层解锁，将之转化为图层 0。

（11）选择"图层 1"，执行菜单"选择"→"载入选区"
命令，随之隐藏"图层 1"，效果如图 5.75 所示。

图 5.74

图 5.75

（12）选择"图层 0"，按 < Delete > 键删除选区部分，效果如图 5.76 所示。

图 5.76

（13）可以对"图层 0"添加图层样式，使之呈现立体阴影效果，最终效果如图 5.77 所示。

图 5.77

5.5.3　路径与选区之间的转换

1. 将路径转换为选区

路径提供平滑的轮廓,可以将它们转换为精确的选区。任何闭合路径都可以转换为选区,如图 5.78、图 5.79 所示;如果当前路径是开放的,则转换的选区将是路径的起点和终点连接后形成的封闭的区域,如图 5.80、图 5.81 所示。

图 5.78　闭合路径

图 5.79

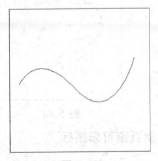

图 5.80

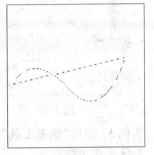

图 5.81

可以通过以下方法将路径转换成选区:

（1）在"路径"面板中选择相关路径,单击面板底部的"将路径作为选区载入"图标,可以将路径转换为选区。

（2）按住 < Ctrl > 键单击"路径"面板中的路径缩略图,也可以载入选区。

（3）在"路径"面板中选择相关路径,按住 < Alt > 键单击面板底部的"将路径作为选区载入"图标,或者执行"路径"面板菜单中的"建立选区"命令,打开"建立选区"对话

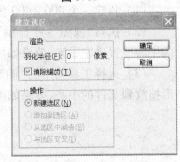

图 5.82

框,如图 5.82 所示,进行参数设置,完成选区的转换。

"建立选区"对话框中,"渲染"选项组功能如下:

(1) 羽化半径:定义羽化边缘在选区边框内外的伸展距离,输入以像素为单位的值。

(2) 消除锯齿:在选区中的像素与周围像素之间创建精细的过渡效果。

"操作"选项组功能如下:

(1) 新建选区:只选择路径定义的区域。

(2) 添加到选区:将路径定义的区域添加到原选区中。

(3) 从选区中减去:从当前选区中移去路径定义的区域。

(4) 与选区交叉:选择路径和原选区的共有区域。如果路径和选区没有重叠,则不会选择任何内容。

2. 将选区转换为路径

使用选择工具创建的任何选区都可以定义为路径。"建立工作路径"命令可以消除选区上应用的所有羽化效果。

可以通过以下方法将选区转换成路径:

(1) 创建选区后,单击面板底部的"由选区生成工作路径"图标 ,可以将选区转换为路径。

(2) 创建选区后,执行"路径"面板菜单中的"建立工作路径"命令,打开"建立工作路径"对话框,如图 5.83 所示,设置容差值后完成路径的转换。

容差:范围在 0.5~10 像素之间,容差值越高,用于绘制路径的锚点越少,路径也越平滑,如图 5.84、图 5.85 所示。当容差值分别为 1 和 8 时,选区转换为路径的情况。

图 5.83

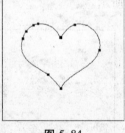
图 5.84

图 5.85

实例 3:使用"钢笔工具"绘制百事可乐图标

具体操作步骤如下:

(1) 新建一个 400×400 像素的文件,白色背景。

(2) 执行"视图"→"显示"→"网格"命令,并拖动标尺上的"参考线",力求将整个画布的中心位置确定下来,效果如图 5.86 所示。

(3) 选择工具箱中的"椭圆选框工具" ,绘制直径为 300×300 像素的正圆形,并将图形拖放到文件的中心,效果如图 5.87 所示。

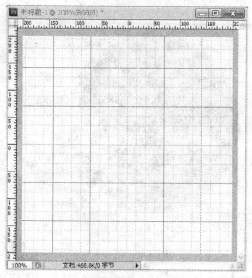

图 5.86

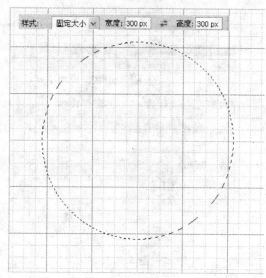

图 5.87

（4）新建"图层1"，将前景色设置为"红色"，按<Shift>+<F5>键进行颜色填充，效果如图5.88所示。

（5）点击"图层1"，选择"矩形选框工具"，按照网格的指示，截取圆形的下半部分，效果如图5.89所示。

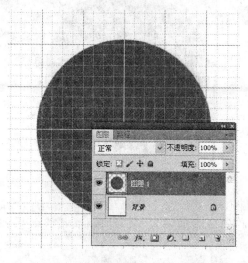

图 5.88

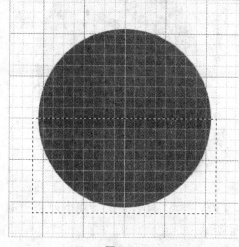

图 5.89

（6）按下<Ctrl>+<X>组合键剪切，再按下<Ctrl>+<V>组合键粘贴，自动生成"图层2"，将"图层2"拖放到"图层1"的下方，效果如图5.90所示。

（7）将前景色设置为"蓝色"，选择"图层2"，并点击"图层"面板上"锁定透明像素"按钮，再利用<Shift>+<F5>键进行颜色填充。调整半圆形的位置，效果如图5.91所示。

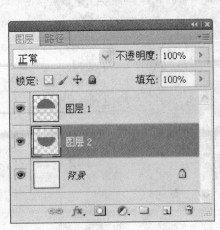

图 5.90

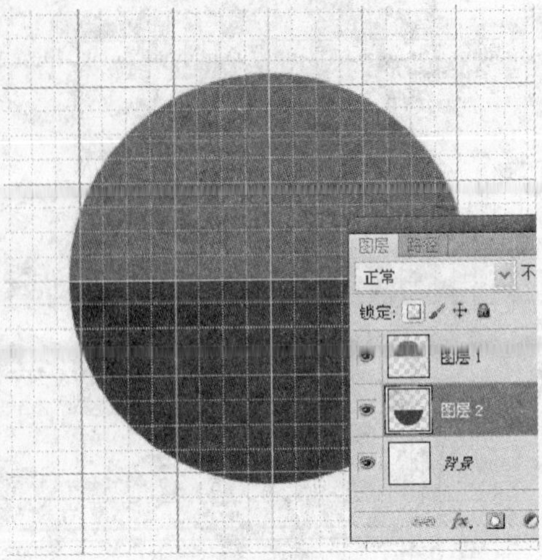

图 5.91

（8）选择工具箱中的"矩形工具"，并在"矩形工具"的工具属性栏中选择"路径"选项。按照网格的指示，在图像中央绘制矩形路径，效果如图 5.92 所示。

（9）使用工具箱中的"路径选择工具"，选择当前路径，效果如图 5.93 所示。

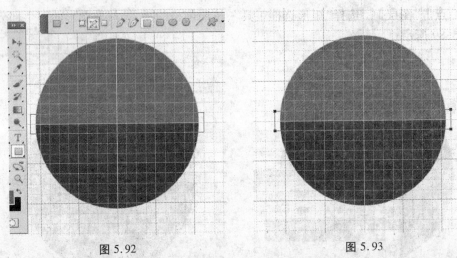

图 5.92

图 5.93

（10）选择"钢笔工具"，在当前路径的中心部位添加锚点并拖动鼠标，最终效果如图 5.94 所示。

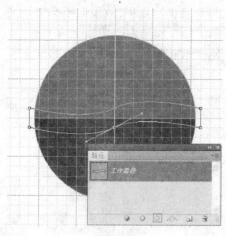

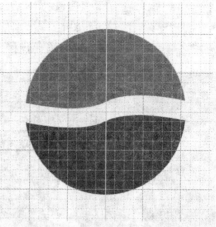

图 5.94   图 5.95

（11）点击"路径"面板中"将路径作为选区载入"按钮，生成选区。

（12）选择"图层 1"，按 < Delete > 键删除；再选择"图层 2"，按 < Delete > 键删除，效果如图 5.95 所示。

（13）将菜单"视图"→"显示额外内容"命令前的"√"取消，即可去掉网格线及参考线。

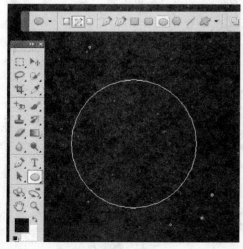

图 5.96

（14）分别对"图层 1"、"图层 2"进行图层样式的应用，可以产生立体感。合并图层，保存文件，最终效果如图 5.96 所示。

实例 4：文字路径的使用——打造发光艺术字

具体操作步骤如下：

（1）新建一个 800 × 800 像素的文件，黑色背景。

（2）选择工具箱中的"椭圆工具"，并在工具属性栏中选择"路径"按钮，在图像中央绘制正圆形路径，效果如图 5.97 所示。

（3）选择"文字工具"，沿着圆形路径输入文字，效果如图 5.98 所示。

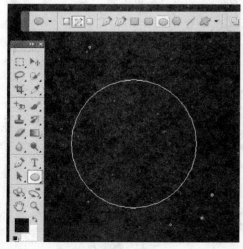

图 5.97   图 5.98

（4）选择"路径选择工具"，将文字拖动到圆形路径的内圈中，效果如图 5.99 所示。

（5）调整文字的大小与位置。在"图层"面板中选择文字图层，单击鼠标右键，选择"栅格化文字"命令，将文字图层转换为普通图层，如图 5.100 所示。

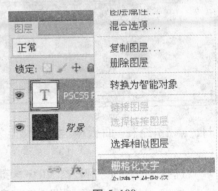

图 5.99　　　　　　　　　　　　　　　图 5.100

（6）复制图层，在新图层上执行菜单"滤镜"→"模糊"→"动感模糊"命令，出现发光的效果。各参数设置如图 5.101 所示。

（7）将执行了滤镜效果的图层复制几次，合并，这样效果更明显。

（8）选择发光效果的图层，按下 < Ctrl > + < T > 键进行变换操作，效果如图 5.102 所示.

（9）单击鼠标右键，在弹出的快捷菜单中选择"斜切"命令。

图 5.101　　　　　　　　　　　　　　　图 5.102

（10）通过拖动控制手柄，使得"光线"发散出来，效果如图 5.103 所示。

（11）选择文字所在的图层，用类似的方法使之变形，并调整到合适位置，效果如图 5.104 所示。

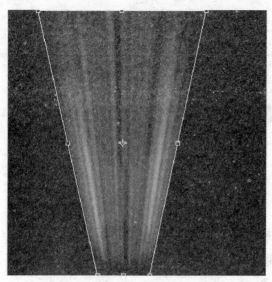

图 5.103

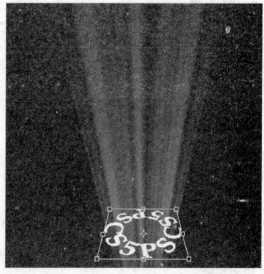

图 5.104

（12）依然选择文字所在的图层，设置图层样式，使得文字具有外发光的效果，如图 5.105 所示。

（13）发光文字效果基本完成，调整"光线"与"文字"的位置，合并图层。

（14）在黑色背景层之上新建图层，用蓝色填充，调整"发光文字"位置，最终效果如图 5.106 所示。

图 5.105

图 5.106

5.5.4　输出剪贴路径

剪贴路径可以将图像与背景分离，并在打印图像或将图像置入其他应用程序中时使背景变为透明。

输出剪贴路径的步骤如下：

（1）选择合适的工具绘制图像路径，产生临时路径，如图 5.107 所示。

（2）将此工作路径拖放到"路径"面板中的"创建新路径"图标上，存储临时路径。

（3）执行"路径"面板菜单中的"剪贴路径"命令，打开"剪贴路径"对话框，如图

5.108 所示。

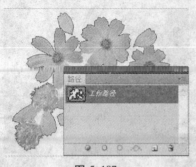

图 5.107　　　　　　　　　　　　　　　图 5.108

"剪贴路径"对话框中各选项功能如下：

A. 路径：在此选项的下拉列表中可以选择要存储的路径。

B. 展平度：范围为 0.2～100，展平度值越低，用于绘制曲线的直线数量就越多，曲线也就越精确。

（4）选项设置完成后，存储文件。如果使用 PostScript 打印机打印文件，应用 EPS、DCS 或 PDF 格式存储文件；如果要使用非 PostScript 打印机打印文件，应以 TIFF 格式存储并将其导出到 Adobe InDesign 或者 Adobe PageMaker 5.0 或更高版本。

5.6　实例演练

5.6.1　绘制可爱小企鹅

具体操作步骤如下：

（1）利用"钢笔工具"绘制企鹅的轮廓。

（2）选择"填充路径"，为企鹅整体填充上黑色。

（3）分别绘制企鹅其他各部分的轮廓路径并上色（肚皮、眼睛、鼻子）。

（4）保存文件。

图 5.109

5.6.2　文字与路径的应用

具体操作步骤如下：

（1）利用"自定义形状工具"绘制心形路径。

（2）选择"文字工具"，将鼠标移动到闭合路径内部单击。

（3）输入文字，可以发现文字自动填充闭合路径内部。

（4）调整字体、颜色、行距等。

（5）选择"文字工具"，将鼠标移动到路径边缘单击，输入文字，文字围绕路径，如图

图 5.110

5.110 所示。

(6) 保存文件。

5.6.3 绘制有光泽的网页 banner

具体操作步骤如下：

(1) 新建文件，大小为 760×180 像素。

(2) 利用"渐变工具"进行渐变填充。

(3) 用"钢笔工具"绘制波浪边缘的闭合路径，转换为选区。

图 5.111

(4) 新建图层，在选区内进行透明到白色的渐变填充。

(5) 用大尺寸的软画笔擦除不需要的部分，并将图层模式设置为"叠加"。

(6) 对路径进行变换：缩放、旋转等，再重复刚才的操作，效果如图 5.111 所示。

(7) 保存文件。

 习　题

一、选择题

1. 路径是一种灵活创建(　　)的工具。

A. 图层　　　　　B. 选区　　　　　C. 图形文件　　　　　D. 通道

2. 使用"路径"面板可以把闭合的路径作为(　　)载入。

A. 图形　　　　　B. 图层　　　　　C. 选区　　　　　D. 通道

3. 在创建路径的过程中，要改变曲线中平滑点两端的方向线的角度，应配合(　　)进行操作。

A. <Ctrl>键　　B. <Shift>键　　C. <Alt>键　　　　D. <Ctrl>+<t>组合键

4. "剪贴路径"对话框中的"展平度"是用来(　　)。

A. 定义曲线由多少个节点组成　　　B. 定义曲线由多少个直线片段组成

C. 定义曲线由多少个端点组成　　　D. 定义曲线边缘由多少个像素组成

5. 若将曲线点转换为直线点，应(　　)

A. 使用"选择工具"单击曲线点　　　B. 使用"钢笔工具"单击曲线点

C. 使用"转换工具"单击曲线点　　　D. 使用"铅笔工具"单击曲线点

6. "路径"面板的路径名称在(　　)用斜体字表示。

A. 当路径是"工作路径"的时候　　　B. 当路径被存储以后

C. 当路径断开，未连接的情况下　　　D. 当路径是剪贴路径的时候

7. 若将当前使用的"钢笔工具"切换为"选择工具"，须按住(　　)

A. <Shift>键　　　　　　　　　B. <Alt>/<Option>键

C. <Ctrl>键　　　　　　　　　D. <Caps Lock>键

二、填空题

1. 路径是一种绘制_____的工具，同时路径还是一种灵活创建_____的工具。

2. 所有制作好的选区都可以转化为路径，转化成路径后，可以精确调整选区中不满意

的地方,但是转化后选区中的羽化效果将会_____。

3. 路径创建好之后,可以使用色彩、图案和历史画笔等填充路径,可以使用_____、_____、_____、_____等多种工具对路径进行描边处理。

第 6 章 文 字

本章重点

通过本章学习,应掌握各种文字工具的使用方法,文字工具是 Photoshop CS5 的重要工具,利用文字工具,可以将图像风格变得更加独特,有时可以获得画龙点睛的作用。

学习目的:

✓ 了解并掌握各种文字工具的使用方法
✓ 掌握如何创建点文字和段落文字
✓ 了解并掌握文字图层的特性和使用方法
✓ 了解并掌握"字符"面板和"段落"面板的使用方法
✓ 了解并掌握制作文字弯曲效果的方法

6.1 文字基础

Photoshop CS5 中的文字由基于矢量的文字轮廓(即以数学方式定义的形状)组成,这些形状是描述字样的字母、数字和符号。许多字样可用于一种以上的格式,最常用的格式有 Type 1(又称 PostScript 字体)、TrueType、OpenType、New CID 和 CID 无保护(仅限于日语)。

Photoshop CS5 保留基于矢量的文字轮廓,并在用户缩放文字,调整文字大小,存储 PDF、EPS 文件或将图像打印到 PostScript 打印机时使用它们。因此,将可能生成带有与分辨率无关的边缘清晰的文字。

如果要导入在低版本的 Photoshop 或 Photoshop Elements 中创建的位图文字图层,选择"图层"→"文字"→"更新所有文字图层"命令,即可转换为矢量类型。

6.2 创建文字

6.2.1 横排文字工具

单击工具箱内的"横排文字工具"按钮,此时的属性栏如图 6.1 所示。

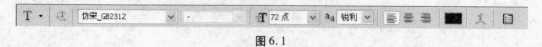

图 6.1

（1）创建文本图层

单击工具箱中的"横排文字工具"按钮 T，再单击画布，即可在当前图层的上边创建一个新的文字图层。同时，画布内鼠标单击处会出现一个竖线光标，表示可以输入文字（这时输入的文字称为点文字）。输入文字时，按 <Ctrl> 键可以切换到移动状态，拖动鼠标可以移动文字。另外，也可以使用剪贴板粘贴文字。

（2）文本属性栏

输入文字后的属性栏如图 6.2 所示。可以看出，属性栏增加了两个按钮：✓（提交所有当前编辑）和 ⊘（关闭所有当前编辑）。单击按钮 ✓，可保留输入的文字；单击按钮 ⊘，可取消输入的文字。然后属性栏返回到图 6.1 所示状态。

图 6.2

6.2.2　直排文字工具

单击工具箱内的"直排文字工具"按钮 T，此时的属性栏与图 6.1 所示基本相同，它的使用方法与"横排文字工具"的使用方法也基本一样，只是输入的文字是竖直排列的。

单击该按钮，再单击画布，即可在当前图层的上边创建一个新的文字图层。同时，画布内鼠标单击处会出现一个横线光标，表示可以输入文字。此时的属性栏如图 6.3 所示。

图 6.3

6.2.3　创建段落文本

使用"文字工具"在图像窗口拖出段落文本框，在文本框中输入的文字就是段落文本。

输入段落文字时，文字基于外框的尺寸换行。可以输入多个段落并选择段落调整选项。

可以调整外框的大小，这将使文字在调整后的矩形内重新排列，可以在输入文字时或创建文字图层后调整外框，也可以使用外框来旋转、缩放和斜切文字。

具体操作步骤如下：

（1）选择"横排文字工具" T 或"直排文字工具" T。

（2）执行下列操作之一：

A. 沿对角线方向拖动，为文字定义一个外框。

B. 单击或拖动鼠标时按住 <Alt> 键，显示"段落文本大小"对话框，输入"宽度"值和"高度"值，单击"确定"按钮。

（3）在属性栏、"字符"面板、"段落"面板或选择"图层"→"文字"子菜单中设定其他文字选项。

（4）输入字符。要开始新段落，请按 <Enter> 键。如果输入的文字超出外框所能容纳的大小,外框上将出现溢出图标。

(5)如果需要,可调整外框的大小,旋转或斜切外框。

(6)通过执行下列操作之一来提交文字图层:

A. 单击属性栏中的"提交"按钮。

B. 按数字键盘上的<Enter>键。

C. 按<Ctrl>+<Enter>组合键。

D. 选择工具箱中的任意工具,在"图层"、"通道"、"路径"、"动作"、"历史记录"或"样式"面板中单击,或者选择任何可用的菜单命令。输入的文字即出现在新的文字图层中。

6.2.4　在点文字与段落文字之间转换

可以将点文字转换为段落文字,以便在外框内调整字符排列。或者,可以将段落文字转换为点文字,以便使各文本彼此独立地排列。将段落文字转换为点文字时,每行字的末尾(最后一行除外)都会添加一个回车符。

操作步骤如下:

(1)在"图层"面板中选择"文字"图层。

(2)选择"图层"→"文字"→"转换为点文本"或"图层"→"文字"→"转换为段落文本"命令。

注:将段落文字转换为点文字时,所有溢出外框的字符都会被删除。要避免丢失文本,请调整外框,使全部文字在转换前都可见。

6.3　设置格式

6.3.1　设置字符格式

使用"字符"面板可以设置文字的属性,包括字体、字号、字形、颜色及所选字符间的间距调整等。

执行菜单"窗口"→"字符"命令或点击如图6.1所示的属性栏中的 🖪 按钮。

可以在输入字符之前设置文字属性,也可以重新设置这些属性,以更改文字图层中所选字符的外观。

"字符"面板中提供了用于设置字符格式的选项,如设置字体、字号、字间距、水平或垂直缩放等,如图6.4所示。

6.3.2　设置段落格式

使用"段落"面板可更改列和段落的格式设置。要显示该面板,执行菜单"窗口"→"段落"

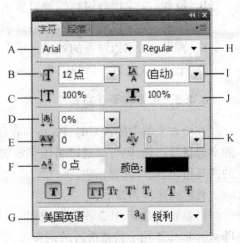

A—字体系列　　B—字体大小
C—垂直缩放　　D—比例间距
E—字距调整　　F—基线偏移
G—语言　　　　H—字体样式
I—行距　　　　J—水平缩放
K—字距微调

图6.4

命令或者单击"段落"面板选项卡(如果该面板可见但不是现用面板),打开状态如图 6.5 所示。

A—对齐和调整　　B—左缩进
C—首行左缩进　　D—段前空格
E—连字符连接　　F—右缩进
G—段后空格

图 6.5

6.4　编辑文本

6.4.1　将消除锯齿应用到文字图层

"消除锯齿"通过部分地填充边缘像素来产生边缘平滑的文字。这样,文字边缘就会混合到背景中。

注:使用"消除锯齿"功能时,小尺寸和低分辨率(如用于 Web 图形的分辨率)的文字的呈现可能不一致。要减少这种不一致性,需在"字符"面板菜单中取消选择"分数宽度"选项。

具体操作步骤如下:

(1) 在"图层"面板中选择文字图层。

(2) 从工具属性栏或"字符"面板中的"消除锯齿"下拉列表中选取一个选项。或者,选取"图层"→"文字",并从子菜单中选取一个选项。

A. 无: 不应用消除锯齿。

B. 锐利: 文字以最锐利的效果显示。

C. 犀利: 文字以较锐利的效果显示。

D. 浑厚: 文字以厚重的效果显示。

E. 平滑: 文字以平滑的效果显示。

6.4.2　检查和更正拼写

在检查文档中的拼写时,Photoshop CS5 会对其词典中没有的字进行询问。如果被询问的字的拼写正确,则可以通过将该字添加到自己的词典中来确认其拼写。如果被询问的字的拼写错误,则可以更正它。

具体操作步骤如下:

(1) 如有必要,在"字符"面板中,从面板底部的弹出式菜单中选取一种语言。这是 Photoshop CS5 用于检查拼写的词典。

(2)(可选)显示或解锁文字图层。"拼写检查"命令不会检查已隐藏或锁定图层中的拼写。

(3) 执行下列操作之一:

A. 选择文字图层(如果要影响该文字图层中的所有段落)。

B. 要检查特定的文本,请选择该文本。

C. 要检查某个字,请将插入点放在该字中。

（4）执行"编辑"→"拼写检查"命令。

（5）如果选择了一个文字图层并且只想检查该图层的拼写，则取消选择"检查所有图层"。

（6）当 Photoshop CS5 找到不认识的字和其他可能的错误时，请单击以下各项之一：

A. 忽略：继续拼写检查而不更改文本。

B. 全部忽略：在剩余的拼写检查过程中忽略有疑问的字。

C. 更改：校正拼写错误，确保拼写正确的字出现在"更改为"文本框中，然后单击"更改"。如果建议的字不是想要的字，请在"建议"文本框中选择另一个字，或在"更改为"文本框中输入正确的字。

D. 更改全部：校正文档中出现的所有拼写错误，确保拼写正确的字出现在"更改为"文本框中。

E. 添加：将无法识别的字存储在词典中，这样，再次出现时就不会被标记为拼写错误。

6.4.3　查找和替换文本

具体操作步骤如下：

（1）执行下列操作之一：

A. 选择包含要查找和替换的文本的图层。将插入点置入要搜索的文本的开头。

B. 如果有多个文字图层并且要搜索文档中的所有图层，请选择一个非文字图层。

注：在"图层"面板中，确保要搜索的文字图层可见且未被锁定。"查找和替换文本"命令不检查已隐藏或锁定图层中的拼写。

（2）执行菜单"编辑"→"查找和替换文本"命令。

（3）在"查找内容"框中，键入或粘贴想要查找的文本。要更改该文本，请在"更改为"文本框中键入新的文本。

（4）选择一个或多个选项以细调搜索。

A. 搜索所有图层：搜索文档中的所有图层。在"图层"面板中选定了非文字图层时，此选项将可用。

B. 向前：从文本中的插入点向前搜索。取消选择此选项，可搜索图层中的所有文本，不管插入点放在何处。

C. 区分大小写：搜索与"查找内容"文本框的文本大小写完全匹配的一个或多个字。例如，在"区分大小写"选项处于选定状态的情况下，如果搜索"PrePress"，则找不到"Prepress"或"PREPRESS"。

D. 全字匹配：忽略嵌入在更长字中的搜索文本。例如，如果要以"全字匹配"方式搜索"any"，则会忽略"many"。

（5）单击"查找下一个"以开始搜索。

（6）单击以下按钮之一：

A. 更改：用修改后的文本替换找到的文本。要重复该搜索，请选择"查找下一个"。

B. 更改全部：搜索并替换所找到文本的全部匹配项。

C. 更改/查找：用修改后的文本替换找到的文本，然后搜索下一个匹配项。

6.4.4 栅格化文字图层

选择文字图层并执行"图层"→"栅格化"→"文字命令"。

某些命令和工具(如滤镜和绘画工具组)不可用于文字图层。必须在应用命令或使用工具之前栅格化文字。栅格化将文字图层转换为正常图层,并使其内容不能再作为文本编辑。如果选取了栅格化图层的命令或工具,则会出现一条警告信息。某些警告信息提供了一个"确定"按钮,单击此按钮即可栅格化图层。

6.5 创建特殊文字效果

可以对文字执行各种操作以更改其外观。例如,可以使文字变形,将文字转换为形状,或向文字添加投影。创建文字效果的最简单的方法之一是在"文字"图层上播放 Photoshop CS5 附带的默认的"文本效果"动作。可以通过从"动作"面板菜单选取"文本效果"命令来实现这些效果。

6.5.1 变形文字

单击工具箱内的"横排文字工具"按钮 T,再单击画布。然后单击属性栏中的"创建变形文本"按钮 ,即可调出"变形文字"对话框。

在"变形文字"对话框的"样式"下拉列表框中选择不同的样式选项,对话框中的内容就会不太一样。例如,选择"鱼形"样式选项后,"变形文字"对话框如图 6.6 所示。该对话框内各选项的作用如下:

(1)"样式"下拉列表框:用来选择文字弯曲变形的样式。

(2)"水平"和"垂直"复选框:用来确定文字弯曲变形的方向。

(3)"弯曲"文本框:调整文字弯曲变形的程度,可用鼠标拖动滑块来调整。

(4)"水平扭曲"文本框:调整文字水平方向的扭曲程度,可用鼠标拖动滑块来调整。

(5)"垂直扭曲"文本框:调整文字垂直方向的扭曲程度,可用鼠标拖动滑块来调整。

图 6.7 即为使用鱼形样式变形的文字。

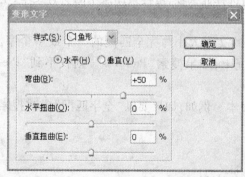

图 6.6

图 6.7

6.5.2　为文本添加投影

添加投影可以使图像中的文本具有立体效果。

具体操作步骤如下：

（1）在"图层"面板中选择要为其添加投影的文本所在的图层。

（2）单击"图层"面板底部的"图层样式"图标，并从出现的列表中选取"投影"。

（3）调整"图层样式"对话框的位置以便看到该图层及其投影。

（4）调整投影设置。可以更改投影的多个参数，其中包括与下方图层混合的方式、不透明度、光线的角度以及投影与文字或对象的距离。

（5）获得满意的投影效果后，单击"确定"。

注：要在另一图层上使用相同的投影设置，请按住＜Alt＞键并将"图层"面板中的"投影"图层拖动到其他图层。松开鼠标按钮后，Photoshop CS5 就会将投影属性应用于该图层。

6.5.3　创建蒙版文字

通过将剪贴蒙版应用于"图层"面板中位于文字图层上方的图像图层，可以用图像填充文字。

具体操作步骤如下：

（1）打开包含要在文本内部使用的图像的文件。

（2）在工具箱中选择"横排文字工具"或"直排文字工具"。

（3）单击"字符"选项卡，使"字符"面板出现在前面；或者执行"窗口"→"字符"命令。

（4）在"字符"面板中选择字体和文本的其他文字属性。设置字体为粗体，大号，更能体现出填充的图像。

（5）单击文档窗口中的插入点，并键入所需的文本，按＜Ctrl＞＋＜Enter＞组合键确定完成。

（6）单击"图层"选项卡，使"图层"面板出现在前面；或者执行"窗口"→"图层"命令。

（7）如果图像图层是背景图层，则在"图层"面板中双击图像图层转换常规图层。

注：背景图层是锁定的，用户无法在"图层"面板中移动它们。必须将背景图层转换为常规图层才能解除它们的锁定。

（8）在"新图层"对话框中重命名图层。单击"确定"以关闭对话框并转换为常规图层，如图 6.8 所示。

图 6.8

（9）在"图层"面板中，拖动图像图层，使之正好位于"文字"图层的上方。

图 6.9

（10）在图像图层处于选中状态时，执行"图层"→"创建剪贴蒙版"命令，图像将出现在文本内部，如图 6.9 所示。

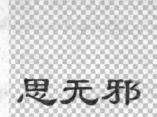

图 6.10

（11）选择"移动工具"，然后拖动文本以调整图像在文本内的位置，如图 6.10 所示。要移动文本而不是图像。请在"图层"面板中选择"文字"图层，然后使用"移动工具"来移动文本。

6.5.4　创建路径文本

可以输入沿着用"钢笔工具"或形状工具组创建的工作路径的边缘排列的文字。当沿着开放路径输入文字时，文字将沿着路径的方向排列。在开放路径上输入横排文字会使文字与基线垂直，如图 6.11 所示；在路径上输入直排文字会使文字与基线平行，如图 6.12 所示。

图 6.11

在闭合路径内输入文字。当文字到达闭合路径的边界时，会发生换行。在闭合路径上输入横排文字，会使文字与基线垂直，如图 6.13 所示；在闭合路径上输入直排文字，会使文字与基线平行，如图 6.14 所示。

图 6.12　　　　　　　　图 6.13　　　　　　　　图 6.14

当移动路径或更改其形状时,相关的文字将会适应新的路径位置或形状。

1. 沿路径输入文字

具体操作步骤如下:

(1) 执行下列操作之一:

A. 选择"横排文字工具"或"直排文字工具"。

B. 选择"横排文字蒙版工具"或"直排文字蒙版工具"。

(2) 定位文字的起始位置,使"文字工具"的基线指示符位于路径上,然后单击。单击后,路径上会出现一个插入点,如图 6.15、图 6.16 所示。

(3) 输入文字。横排文字沿着路径显示,与基线垂直。直排文字沿着路径显示,与基线平行。

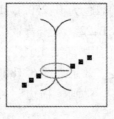 

图 6.15　　　　图 6.16

为了更好地控制文字在路径上的垂直对齐方式,请使用"字符"面板中的"基线偏移"选项。在"基线偏移"文本框中键入负值可使文字的位置降低。

2. 在闭合路径内输入文字

具体操作步骤如下:

(1) 选择"横排文字工具"。

(2) 将光标放置在该路径内。

(3) 当"文字工具"周围出现虚线括号时,单击即可插入文本。

6.6　实例演练

6.6.1　制作立体文字

"立体文字"图像如图 6.17 所示,该图像的制作方法如下:

(1) 执行"文件"→"新建"命令,调出"新建"对话框。新建宽度为 380 像素,高度

图 6.17

为 80 像素,颜色模式为 RGB 颜色,画布的背景为绿色,单击"确定"按钮。

(2) 单击工具箱中的"横排文字工具"按钮 T,利用"横排文字工具"属性栏,设置字体为"隶书",大小为 80 点,颜色为黄色。

(3) 将鼠标指针移动到画布窗口上单击一下,在画布内输入文字"立体文字",然后将文字移到画布的中间。

(4) 单击工具箱中的"移动工具"按钮。按住 < Ctrl > 键,单击"立体文字"图层,选中画布窗口中的"立体文字"文字。

(5) 执行"图层"→"栅格化文字"命令。

(6) 设置前景色为黄色,描边颜色为浅黄色。执行"编辑"→"描边"命令,调出"描边"对话框。新建宽度为 1 像素,位置为"居中",然后单击"确定"按钮。

(7) 按住 < Alt > 键的同时,多次交替按光标下移键和光标右移键。可以看到立体文字

已出现。当达到所需效果时,停止按键。

6.6.2 制作木纹文字

（1）建立一个新文件,宽度为 500 像素,高度为 400 像素,分辨率为 72 像素/英寸,模式为 RGB 颜色,背景为白色。设置前景色为 R:250,G:157,B:106,背景色为 R:108,G:46,B:22。双击背景层,将背景层转换为"图层 1",然后使用"渐变工具",选择由前景色到背景色的线性渐变。效果如图 6.18 所示。

（2）执行"滤镜"→"画笔描边"→"喷色描边",参数设置如图 6.19 所示。

图 6.18

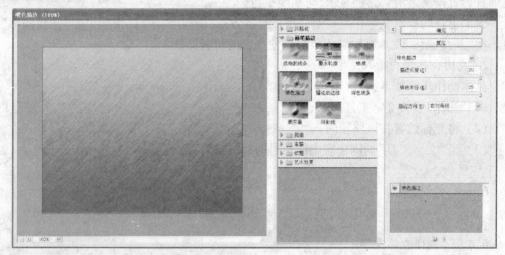

图 6.19

（3）按＜Shift＞+＜Ctrl＞+＜X＞组合键或执行"图像"→"液化",涂抹画面,并对图像进行调整,使其更像木纹。效果如图 6.20 所示。

图 6.20

图 6.21

（4）重设前景色为黑色，使用"文字工具"输入文字，这里使用的是 Impact 字体，字体大小为 180 点，如图 6.21 所示。

（5）选择文字层，单击鼠标右键，选择创建工作路径，在"路径"面板中点击下方的"将路径作为选取载入" 按钮，选取背景层，在图层面板上右击"背景层"，在弹出菜单中选择"通过拷贝图层"，快捷键 < Ctrl > + < J >，生成图层 2，把 TEXT 文字图层删除，如图 6.22、图 6.23 所示。

图 6.22

图 6.23

（6）选择"图层 2"，执行"图层"→"图层样式"→"混合选项"命令，为"图层 2"添加内阴影如图 6.24 所示，外发光如图 6.25 所示，内发光如图 6.26 所示，斜面和浮雕如图 6.27 所示，等高线如图 6.28 所示。

图 6.24

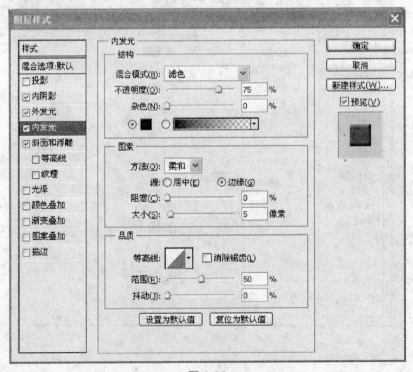

图 6.25

图 6.26

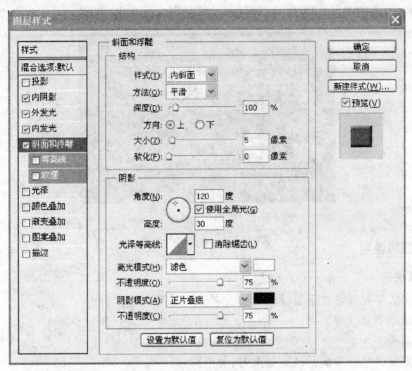

图 6.27

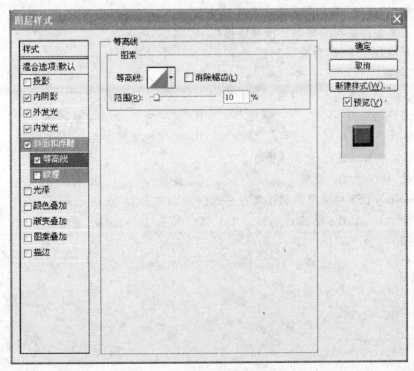

图 6.28

（7）最后,选中图层1,设置其图层样式,效果图如图6.29所示。

图 6.29

课后练习

一、单选题

1. 字符文字可以通过下面(　　)命令转化为段落文字。

A. 转化为段落文字　　　　　　　　　　B. 文字

C. 链接图层　　　　　　　　　　　　　　D. 所有图层

2. 当要对文字图层执行滤镜效果时,首先应当(　　)。

A. 执行"图层"→"栅格化"→"文字"命令

B. 直接在"滤镜"菜单下选择一个滤镜命令

C. 确认文字图层和其他图层没有链接

D. 选择这些文字,然后在"滤镜"菜单下选择一个滤镜命令

二、多选题

1. "文字"图层中的(　　)可以进行修改和编辑。

A. 文字颜色　　　　　　　　　　　　　　B. 文字内容,如加字或减字

C. 文字大小　　　　　　　　　　　　　　D. 文字的排列方式

2. 段落文字可以进行(　　)操作。

A. 缩放　　　　B. 旋转　　　　　　C. 裁切　　　　D. 倾斜

3. Photoshop CS5 中文字的属性可以分为(　　)部分。

A. 字符　　　　B. 段落　　　　　　C. 水平　　　　D. 垂直

第 7 章　通道与蒙版

本章重点

　　本章主要讲解图层蒙版以及蒙版的使用方法、通道的分类、通道的基本操作以及计算通道,包括快速蒙版、图层蒙版、矢量蒙版的应用,通过实际应用案例进一步讲解通道命令的操作方法。通过本章学习,应掌握蒙版的使用技巧,制作出独特的图像效果,并能够合理地利用通道设计制作作品。

学习目的:

- ✓ 了解蒙版的基本概念和特性
- ✓ 正确使用蒙版和蒙版的相关选项
- ✓ 掌握快速蒙版模式和 Alpha 通道的使用方法
- ✓ 了解通道的基本概念和特性
- ✓ 正确使用通道和通道的相关选项
- ✓ 掌握通道运算的原理和操作技术
- ✓ 掌握颜色通道、专色通道和 Alpha 选区通道的原理及使用方法

7.1　蒙版的基本概念

　　蒙版用来将图像的某些部分分离开来,以保护这些部分不被编辑。利用蒙版可以将花费很多时间创建的选区存储起来以便随后的使用。另外,也可以将蒙版用于其他复杂的编辑工作,如对图像执行颜色变换或滤镜效果。

　　在"通道"面板中,蒙版通道的前景色和背景色以灰度值显示,通常黑色是被保护的部分,白色是不被保护的部分,而灰度部分则根据其灰度值作为透明蒙版使用,图像部分被保护,可以产生各种变化,如图 7.1 所示。

A—用于保护背景并编辑蝴蝶的不透明蒙版
B—用于保护蝴蝶并为背景着色的不透明蒙版
C—用于为背景和部分蝴蝶着色的半透明蒙版

图 7.1

　　蒙版存储在 Alpha 通道中。蒙版和通道都是灰度图像,因此可以使用绘画工具组和滤镜进行编辑。在蒙版上用黑色绘制的区域将会受到保护;而蒙版上用白色绘制的区域是可

编辑区域。

7.2 快速蒙版

7.2.1 创建快速蒙版

在快速蒙版模式下,可以将选区转换为蒙版。此时,会创建一个临时的蒙版,在"通道"面板中创建一个临时的 Alpha 通道,以后可以使用几乎所有工具和滤镜来编辑修改蒙版。修改好蒙版后,回到标准模式下,即可将蒙版转换为选区。

默认状态下,快速蒙版呈半透明红色,与掏空了选区的红色胶片相似,遮盖在非选区图像的上边。因为蒙版是半透明的,所以可以通过蒙版观察到它下面的图像。创建快速蒙版的具体步骤如下:

(1) 在图像中创建一个选区。

(2) 用鼠标双击工具箱内的"以快速蒙版模式编辑"按钮,出现"快速蒙版选项"对话框,如图 7.2 所示,此时的图像如图 7.3 所示。利用该对话框进行设置后,单击"确定"按钮,即可退出该对话框并建立快速蒙版。如果不进行设置,采用图 7.2 所示的默认状态,可用鼠标单击工具箱内的"以快速蒙版模式编辑"按钮,即可建立快速蒙版。

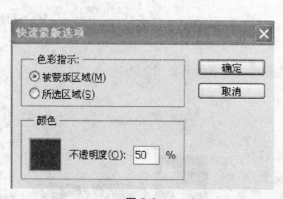

图 7.2

图 7.3

"快速蒙版选项"对话框内各选项的作用如下:

A. "被蒙版区域"复选框:选中该复选框后,蒙版区域(即非选区)有颜色,非蒙版区域(即选区)没有颜色。

B. "所选区域"复选框:选中该复选框后,选区(非蒙版区域)有颜色,非选区(即蒙版区域)没有颜色,它与"被蒙版区域"复选框的作用正好相反。

C. "颜色"组选项:可在"不透明度"文本框内输入通道的不透明度数值,单击色块,可以出现"拾色器"对话框,用来设置蒙版的颜色,它的默认值是不透明度为50%的红色。

例如,单击选中"所选区域"复选框,颜色改为蓝色,不透明度为80%,则单击"确定"按钮后,图像效果如图 7.4 所示。

建立快速蒙版后的"通道"面板如图7.5所示。可以看出"通道"面板中增加了一个"快速蒙版"通道。

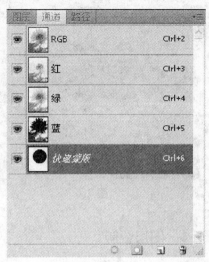

图7.4   图7.5

7.2.2 编辑快速蒙版

单击选中"通道"面板中的"快速蒙版"通道,然后可使用各种工具和滤镜对快速蒙版进行编辑修改。改变快速蒙版的大小与形状,也就调整了选区的大小与形状。在用"画笔工具"和"橡皮擦工具"修改快速蒙版时,须遵循以下规则:

(1)针对图7.3所示状态,有颜色区域越大,蒙版越小,选区越小;针对图7.4所示状态,有颜色区域越大,蒙版越大,选区越大。

(2)如果前景色为白色,并在有颜色区域绘图,会减少有颜色区域;如果前景色为黑色,并在无颜色区域绘图,会增加有颜色区域。

(3)如果前景色为白色,并在无颜色区域擦除,则会增加有颜色区域;如果背景色为黑色,并在有颜色区域擦除,则会减少有颜色区域。

(4)如果前景色为灰色,在绘图时会创建半透明的蒙版和选区;如果背景色为灰色,在擦图时会创建半透明的蒙版和选区。灰色越淡,透明度越高。

对图7.3所示蒙版进行加工(采用了"波纹"扭曲滤镜处理,数量为700%,在"大小"下拉列表中选择"中"选项)后的图像,如图7.6所示。

对图7.4所示蒙版进行加工(采用了"波纹"扭曲滤镜处理,数量为700%,在"大小"下拉列表框中选择"中"选项)后的图像,如图7.7所示。

图 7.6   图 7.7

7.3 图层蒙版

7.3.1 添加图层蒙版

通过图层蒙版,可以控制图层中的不同区域隐藏或显示状态。通过更改图层蒙版,可以将许多特殊效果应用到图层中,而不会影响原图像上的像素。图层上的蒙版相当于一个 8bit 灰阶的 Alpha 通道。在蒙版中,黑色表示全部被蒙住,图层中的图像不显示,白色表示图像全部显示,不同程度的灰色蒙版表示图像以不同程度的透明度显示。

选中一个图层,单击"图层"面板下方的"添加图层蒙版"按钮 ,可以在原图层后面加入一个白色的图层蒙版,如图 7.8 所示。

图 7.8   图 7.9   图 7.10

如果单击按钮的同时按住 < Alt > 键,就可以建立一个黑色的蒙版,如图 7.9 所示。

注:背景图层不能创建蒙版。

当创建一个图层蒙版时,它是自动和图层中的图像链接在一起的,在"图层"面板中图层和蒙版之间有链接符号出现,此时如果移动图像,则图层中的图像和蒙版将同时移动。用鼠标指针单击链接符号,符号就会消失,如图 7.10 所示,此时就可以分别针对图层和蒙版进行移动了。

7.3.2 编辑图层蒙版

按住<Alt>键后双击"图层"面板上蒙版缩略图,会弹出"图层蒙版显示选项"对话框(图7.11)。此对话框用来设定蒙版的表示方法,默认是50%不透明度的红色表示。如果要选择其他颜色,可单击"颜色"下面的小色块,在弹出的拾色器中选取颜色。此处的设定只和显示有关,对图像没有任何影响。

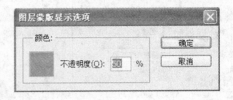

图7.11

7.3.3 删除图层蒙版

如果对所做的蒙版不满意,有两种方法可将其删除。

(1)执行"图层"→"图层蒙版"→"删除"命令,此时,蒙版直接被删除。

(2)在"图层"面板中直接拖动蒙版图标到删除图层图标 上,这时弹出如图7.12所示的对话框,提示移去蒙版之前是否将蒙版应用到图层。

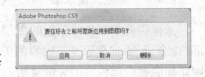

图7.12

将"图层"面板的蒙版暂时关闭可在菜单中执行"图层"→"图层蒙版"→"停用"命令,此时,蒙版被临时关闭,蒙版图标上有一个红色的"×"标志,如图7.13所示。如果想重新显示蒙版,可以再次在菜单中执行"图层"→"图层蒙版"→"启用"命令,此时蒙版被重新启用。

图7.13

提示:在"图层"面板中,如果蒙版的图层外框为高亮显示,表示当前选中的是"图层",此时所有的编辑操作对图层有效;如果蒙版的外框为高亮显示,表示当前选中的是"蒙版",则所有的编辑操作对蒙版有效。

7.4 矢量蒙版

矢量蒙版与分辨率无关,由"钢笔工具"或形状工具组创建在"图层"面板中,图层蒙版和矢量蒙版都显示为图层缩览图右边的附加缩略图。

7.4.1 添加矢量蒙版

如图7.14所示,按住<Ctrl>键,同时单击"添加图层蒙版"图标 ,即在蒙版上产生矢量蒙版,用如图7.15的"形状工具"绘制路径。

图 7.14

图 7.15

7.4.2 隐藏矢量蒙版

选择需要添加矢量蒙版的图层(除背景层外),执行"图层"→"矢量蒙版"→"显示全部"命令,可添加显示全部内容的矢量蒙版;执行"图层"→"矢量蒙版"→"隐藏全部"命令,则添加隐藏全部内容的矢量蒙版。

7.4.3 删除矢量蒙版

矢量蒙版可在图层上创建锐边形状,若需要添加边缘清晰分明的图像可以使用矢量蒙版。创建了矢量蒙版图层之后,可以应用一个或多个图层样式。

具体操作步骤如下:

(1)先选中一个需要添加矢量蒙版的图层,使用"形状工具"或"钢笔工具"绘制工作路径。

(2)执行"图层"→"矢量蒙版"→"当前路径"命令,创建矢量蒙版。

(3)选择"图层"→"矢量蒙版"→"删除"即可删除矢量蒙版。

(4)若想将矢量蒙版转换为图层蒙版,可以选择要转换的矢量蒙版所在的图层,然后选择"图层"→"栅格化"→"矢量蒙版"命令即可完成转换,如图7.16所示。需要注意的是,一旦栅格化了矢量蒙版,就不能将它改回矢量对象了。

图 7.16

7.4.4 矢量蒙版的应用

矢量蒙板的优点是可以随时通过编辑矢量图形来改变矢量蒙版的形状,对当前图层创建矢量蒙板后,在图片中绘制任意形状的路径,即可产生相应的效果,如图7.17所示。

原图

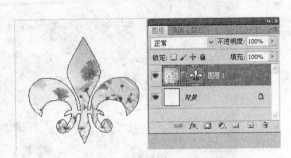
效果图

图 7.17

7.5 剪贴蒙版

　　剪贴蒙版是底部或基底图层的透明像素蒙盖其上方的图层的内容,这些图层是剪贴蒙版的一部分。基底图层的内容将在剪贴蒙版中裁剪(显示)它上方的图层的内容。

　　要创建剪贴蒙版必须要有两个以上图层。以如图 7.18 所示的两个图层为例,选中图层1,执行"图层"→"创建剪贴蒙版"命令,图片产生了如图 7.19 所示的效果。

　　可见,相邻的两个图层创建剪贴蒙版后,上面图层所显示的形状或虚实就要受下面图层的控制。画面内容保留上面图层的,形状受下面图层的控制。

图 7.18　　　　　　　　　　　　图 7.19

7.6 蒙版的综合应用

7.6.1 利用蒙版制作图片的融合效果

效果图如图 7.20 所示。

图 7.20

具体操作步骤如下：

（1）打开两张要融合的图片。

（2）用"移动工具"将其中一张图片拖入到另一张图片中（一般将小一点的图片拖入到大一点的图片中，这里我们选择了大小一样的两幅图，如图 7.21、图 7.22 所示）。

图 7.21

图 7.22

（3）执行"编辑"→"自由变换"命令，调整图片的位置和大小。

（4）点击"图层"面板下面"添加图层蒙版"按钮，为"图层 1"添加蒙版，如图 7.23 所示。

（5）点击"渐变工具"，在工具属性栏渐变编辑器中选择黑白渐变色，如图 7.24、图 7.25 所示。

（6）在两张图的交接处拖动鼠标，即可达到融合效果。

图 7.23

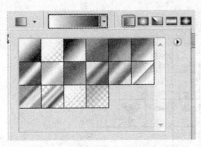

图 7.24

图 7.25

7.6.2　利用快速蒙版制作撕边效果

使用"快速蒙版"按钮和"画笔工具"为图片制作撕边效果，具体操作步骤如下：

（1）按 < Ctrl > + < O > 组合键，打开素材文件，图层名为"图层 0"，如图 7.26 所示。

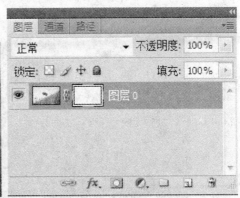

图 7.26

（2）单击"图层"面板下方的"添加图层蒙版"按钮，为"图层 0"添加蒙版，单击工具栏下方的"以快速蒙版模式编辑"按钮，进入快速蒙版编辑模式，将前景色设置为"黑色"，如图 7.27 所示。

（3）选择"画笔工具"，在属性栏中单击"画笔"选项右侧的按钮，弹出画笔选择面板，选择"软油彩蜡笔"画笔图案，并适当调整大小，如图 7.28 所示。用鼠标在图像中涂抹出需要保留的区域，涂抹后的区域变为红色，如图 7.29 所示。

图 7.27

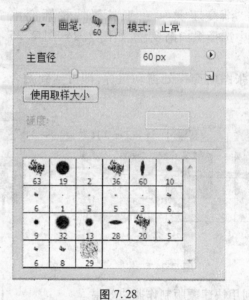

图 7.28

图 7.29

（4）单击工具箱下方的"以标准按钮模式编辑"按钮,返回标准编辑模式,红色区域以外的部分生成选区。单击选中"图层 0"的图层蒙版缩览图,填充选区为黑色,效果如图 7.30 所示;按 <Ctrl> + <D>组合键,取消选区。

图 7.30

（5）在"图层"面板中可根据具体需要添加背景图层，生成不同的效果，如图 7.31、图 7.32 所示。

图 7.31

图 7.32

7.7　通道

7.7.1　关于通道

在 Photoshop CS5 中，通道可以分为颜色信息通道、专色通道和 Alpha 通道三种，它们均以图标的形式出现在"通道"面板中。

1. 颜色信息通道

在打开新图像时自动创建颜色信息通道。图像的颜色模式决定了所创建的颜色通道的数目。例如，RGB 图像的每种颜色（红色、绿色和蓝色）都有一个通道，并且还有一个用于编辑图像的复合通道。

每个颜色通道都是一幅灰度图像，它只代表一种颜色的明暗变化。所有颜色通道混合在一起时，便可形成图像的彩色效果，也就构成了彩色的复合通道。

对于 RGB 模式图像来说，颜色通道中较亮的部分表示这种原色用量大，较暗的部分表示该原色用量少;而对于 CMYK 模式图像来说,颜色通道中较亮的部分表示该原色用量少,较暗的部分表示该原色用量大。

所以,当图像中存在整体的颜色偏差时,可以方便地选择图像中的一个颜色通道,并对其进行相应的校正。如果一幅 RGB 模式图像中红色不够,在对其进行校正时,就可以单独选择其中的红色通道来对图像进行调整,如图7.33所示。

图7.33

红色通道是由图像中所有像素点的红色信息组成的,可以选择红色通道,提高整个通道的亮度,或使用填充命令在红色通道内填入具有一定透明度的白色,便可增加图像中红色的用量,达到调节图像效果的目的。同样原理,也可以利用颜色通道专门制作偏色的特殊效果。

2. Alpha 通道

将选区存储为灰度图像。可以添加 Alpha 通道来创建和存储蒙版,这些蒙版用于处理或保护图像的某些部分。

3. 专色通道

专色通道扩展了通道的含义,同时也实现了图像中专色版的制作。

4. 复制通道

复制通道可以采用以下三种方法:

(1)复制通道的一般方法。

单击选中"通道"面板中的一个通道(例如,Alpha1 通道)。再单击"通道"面板菜单中的"复制通道"菜单命令,出现"复制通道"对话框,如图7.34所示。设置后单击"确定"按钮,即可将选中的通道复制到指定的图像文件中,或新建的图像文件中。该对话框内各选项的作用如下:

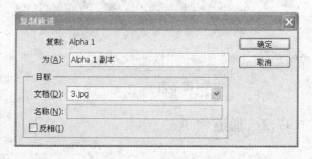

图7.34

A."为"文本框:用来输入复制的新通道的名称。

B."文档"下拉列表:内有打开的图形文件名称,用来选择复制的目标图像。

C."名称"文本框:用来输入将要新建的图像文件的名称,当"文档"下拉列表中选择"新建"选项时,"文档"下拉列表框下面的"名称"文本框才变为有效。

D."反相"复选框:复制的新通道与原通道相比是反相的,即原来通道中有颜色的区域,在新通道中为没有颜色的区域;原来通道中没有颜色的区域,在新通道中为有颜色的区域。

(2)在当前图像中复制通道的简便方法。

将要复制的通道拖动到"通道"面板中的"创建新通道"按钮 之上,松开鼠标,即可复制选中的通道。

(3)将通道复制到其他图像中的方法为:用鼠标拖动通道到其他图像的画布窗口中。

5. 删除通道

（1）单击选中"通道"面板中的一个通道，随后单击"通道"面板菜单中的"删除通道"命令，即可删除选中的通道。

（2）将要删除的通道拖到"通道"面板中的"删除当前通道"按钮之上，松开鼠标，即可删除该通道。

（3）单击选中"通道"面板中的一个通道，然后单击"通道"面板中的"删除当前通道"按钮，出现一个提示框，再单击提示框中的"是"按钮，即可删除选中的通道。

6. 分离通道

"分离通道"是指将图像中的所有通道分离成多个独立的图像，一个通道对应一幅图像，新图像的名称由系统自动给出，分别由原文件名＋"－"＋通道名称缩写而成。分离后，原始图像将自动关闭。对分离的图像进行加工，不会影响原始图像。在进行"分离通道"的操作之前，一定要先将图像中的所有图层合并到背景图层中，否则"通道"面板菜单中的"分离通道"菜单命令是无效的。

"分离通道"的方法如下：

（1）如果图像有多个图层，则应单击"图层"→"拼合图层"菜单命令，将所有图层合并到背景图层中。

（2）单击"通道"面板菜单中的"分离通道"菜单命令。

7. 合并通道

"合并通道"是指将分离的各个独立的通道图像合并为一幅图像。在将一幅图像进行分离通道操作之后，可以对各个通道图像进行编辑修改，然后再将它们合并为一幅图像。这样做可以获得一些特殊的加工效果。

"合并通道"的操作方法如下：

（1）单击"通道"面板菜单中的"合并通道"菜单命令，调出"合并通道"对话框，如图7.35 所示。

图 7.35

图 7.36

（2）在"合并通道"对话框的"模式"下拉列表内选择一种模式，如图 7.36 所示（如果某种模式选项呈灰色，则表示它不可选）。选择"多通道"模式选项时，可以合并所有通道，包括 Alpha 通道，但是合并后的图像是灰色图像；选择其他模式选项后，不能合并 Alpha 通道。

（3）在"合并通道"对话框的"通道"文本框中输入要合并的通道个数。注意，在选择 RGB 模式或 Lab 模式后，通道的最大个数为 3；在选择 CMYK 模式后，通道的最大个数为 4；在选择多通道模式后，通道数为通道个数。通道图像的次序是按照分离通道前的通道次序排列的。

（4）在选择 RGB 模式和 3 个通道后，单击"合并通道"对话框中的"确定"按钮，即出现

"合并 RGB 通道"对话框,如图 7.37 所示。在选择 Lab 模式和 3 个通道后,单击"合并通道"对话框中的"确定"按钮,即出现"合并 Lab 通道"对话框,如图 7.38 所示。

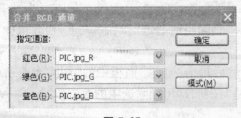

图 7.37

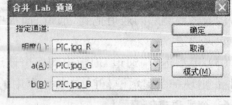

图 7.38

在选择 CMYK 模式和 4 个通道后,单击"合并通道"对话框中的"确定"按钮,即出现"合并 CMYK 通道"对话框,如图 7.39 所示。利用这些对话框可以选择各种通道对应的图像,通常采用默认状态。然后单击"确定"按钮,即可完成合并通道的工作。

(5) 如果选择了多通道模式,则单击"合并通道"对话框中的"确定"按钮后,可出现"合并多通道"对话框,如图 7.40 所示。在该对话框的"图像"下拉列表内选择对应"通道 1"的图像文件后,单击"下一步"按钮,出现下一个"合并多通道"对话框,再设置对应"通道 2"的图像文件。如此继续下去,直到给所有通道均设置了对应的图像文件为止。

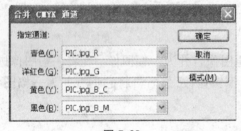

图 7.39

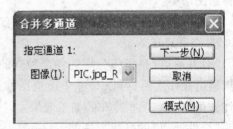

图 7.40

7.7.2 "通道"面板

"通道"面板列出图像中的所有通道(图 7.41),对于 RGB、CMYK 和 Lab 图像,将最先

图 7.41

列出复合通道。通道内容的缩览图显示在通道名称的左侧，在编辑通道时会自动更新缩览图。

1. 通道类型

通道类型分为：颜色通道、专色通道、Alpha 通道。

2. 显示或隐藏通道

可以使用"通道"面板来查看文档窗口中的任何通道组合。例如，可以同时查看 Alpha 通道和复合通道，观察 Alpha 通道中的更改与整幅图像是怎样的关系。

注：单击通道旁边的眼睛即可显示或隐藏该通道（单击复合通道可以查看所有的默认颜色通道。只要所有的颜色通道可见，就会显示复合通道）。

3. 用相应的颜色显示颜色通道

各个通道以灰度显示。在 RGB、CMYK 或 Lab 图像中，可以看到用原色显示的各个通道。可以更改默认设置，以便用原色显示各个颜色通道。当通道在图像中可见时，在面板中该通道的左侧将出现一个眼睛图标。

具体操作步骤如下：

（1）执行"编辑"→"首选项"→"界面"命令。

（2）选择"用原色显示通道"，然后单击"确定"按钮。

7.7.3　Alpha 通道

当要改变图像某个区域的颜色，或者要对该区域应用滤镜或其他效果时，使用蒙版可以隔离并保护图像的未选中区域。

1. 创建和编辑 Alpha 通道蒙版

可以创建一个新的 Alpha 通道，然后使用绘画工具组和滤镜通过该 Alpha 通道创建蒙版。也可以将 Photoshop CS5 内的现有选区存储为 Alpha 通道，该通道将出现在"通道"面板中。

2. 使用当前选项创建 Alpha 通道蒙版

具体操作步骤如下：

（1）单击"通道"面板底部的"创建新通道"图标 。

（2）在新通道上绘以蒙版图像区域。

注：在为蒙版创建通道之前，请先选择图像的区域，然后再在通道上绘以蒙版图像。

3. 创建 Alpha 通道蒙版并设置选项

具体操作步骤如下：

（1）按住 < Alt > 键并单击"通道"面板底部的"创建新通道"按钮 ，或从"通道"面板菜单中选取"新建通道"命令。

（2）在"新建通道"对话框中设定选项。

（3）在新通道上绘以蒙版图像区域。

7.7.4　专色通道

与 4 种原色油墨一样，在印刷时，每种专色油墨都对应着一块印版，而 Photoshop CS5 中的专色通道便是为了制作相应的专色色版而设置的。在"通道"面板中，按住 < Ctrl > 键点击"创建新通道" 按钮,弹出"新建专色通道"对话框,如图 7.42 所示。

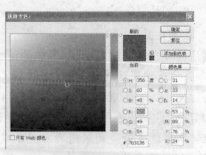

图 7.42　　　　　　　　　　　　　　　图 7.43

单击"新建专色通道"对话框中"颜色"后面的色块,在弹出的拾色器中选择所需的颜色,如图 7.43 所示。或点击"颜色库"按钮,在"颜色库"对话框中选择相应的颜色,如图 7.44 所示。单击"确定"按钮后,"新建专色通道"对话框中的名称就变成色谱中的颜色名称,如图 7.45 所示。

如果不做修改的话,以拾色器方式定义的专色通道会以专色 1、专色 2、专色 3……命名,而以色谱方式定义专色,则会以选定的颜色名作为专色通道的名称。专色的"密度"则决定了实地色的遮盖度(或颜色是否透明),即印出的颜色能否透出其他颜色。

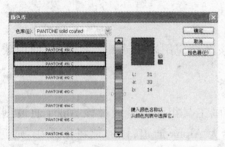

图 7.44　　　　　　　　　　　　　　　图 7.45

7.7.5　通道计算

1. 混合图层和通道

使用与图层关联的混合效果,可以将图像内部和图像之间的通道组合成新图像。"应用图像"命令(在单个和复合通道中)或"计算"命令(在单个通道中)提供了"图层"面板中没有的两个附加混合模式:"添加"和"减去"。

2. 使用应用图像命令混合图层通道

使用"应用图像"命令,可以将一个图像的图层和通道(源)与现用图像(目标)的图层和通道混合。

具体操作步骤如下:

(1) 打开源图像和目标图像,并在目标图像中选择所需图层和通道。图像的像素尺寸必须与"应用图像"对话框中出现的图像名称匹配。

注:如果两个图像的颜色模式不同(例如,一幅图像是 RGB 颜色模式,而另一幅图像是 CMYK 颜色模式),则可以对目标图层的复合通道应用单一通道(但不是源图像的复合通道)。

（2）执行"图像"→"应用图像"命令。

（3）选取要与目标组合的源图像、图层和通道。要使用源图像中的所有图层,选择"合并图层"。

（4）要在图像窗口中预览效果,选择"预览"。

（5）要在计算中使用通道内容的负片,选择"反相"。

（6）对于"混合",选取一个混合选项。

（7）输入不透明度值以指定效果的强度。

（8）如果只将结果应用到结果图层的不透明区域,选择"保留透明区域"。

（9）如果要通过蒙版应用混合,选择"蒙版",然后选择包含蒙版的图像和图层。对于"通道",可以选择任何颜色通道或 Alpha 通道以用做蒙版,也可使用基于现用选区或选中图层(透明区域)边界的蒙版。选择"反相",反转通道的蒙版区域和未蒙版区域。

3. 使用计算命令混合通道

"计算"命令用于混合两个来自一个或多个源图像的单个通道,然后可以将结果应用到新图像或新通道,或现用图像的选区中。需要注意的是,不能对复合通道应用"计算"命令。

具体操作步骤如下:

（1）打开一个或多个源图像。

注:如果使用多个源图像,则这些图像的像素尺寸必须相同。

（2）执行"图像"→"计算"命令。

（3）要在图像窗口中预览效果,选择"预览"。

（4）选取第一个源图像、图层和通道。要使用源图像中所有的图层,选取"合并图层"。

（5）要在计算中使用通道内容的负片,选择"反相"。对于"通道",如果要复制将图像转换为灰度的效果,选取"灰色"。

（6）选取第二个源图像、图层和通道,并指定选项。

（7）选取一种混合模式。

（8）输入不透明度值以指定效果的强度。

（9）如果要通过蒙版应用混合,选择"蒙版",然后选择包含蒙版的图像和图层。对于"通道",可以选择任何颜色通道或 Alpha 通道以用做蒙版。也可使用基于现用选区或选中图层(透明区域)边界的蒙版。选择"反相",反转通道的蒙版区域和未使用蒙版的区域。

（10）对于"结果",是决定将混合结果放入新文档,还是现用图像的新通道或选区。

4. "相加"和"减去"混合模式

"相加"和"减去"混合模式只适用于"应用图像"和"计算"命令。

（1）"相加"。

增加两个通道中的像素值。这是在两个通道中组合非重叠图像的好方法。

因为较高的像素值代表较亮的颜色,所以向通道添加重叠像素将使图像变亮。两个通道中的黑色区域仍然保持黑色(0 + 0 = 0)。任一通道中的白色区域仍为白色(255 + 任意值 = 255 或更大值)。

"相加"模式是用"缩放"量除像素值的总和,然后将"位移"值添加到此和中。例如,要查找两个通道中像素的平均值,应先将它们相加,再除以 2 且不输入"位移"值。

"缩放"值可以是介于 1.000 和 2.000 之间的任何数字。输入越高的"缩放"值将使图像变得越暗。

通过使用任何介于 +255 和 −255 之间的亮度"位移"值,目标通道中的像素变暗或变亮。负值使图像变暗,而正值使图像变亮。

(2)"减去"。

从目标通道中相应的像素上减去源通道中的像素值。与"相加"模式相同,此结果将除以"缩放"值并添加到"位移"值。

"缩放"值可以是介于 1.000 和 2.000 之间的任何数字。通过使用任何介于 +255 和 −255 之间的亮度"位移"值,目标通道中的像素变暗或变亮。

7.8 实例演练

7.8.1 利用"通道"抠婚纱图

一张 RGB 模式的图像,就是将红、蓝、绿三种色彩分别放在三个不同的"通道"上,每一个"通道"的颜色是一样的,只是亮度不同,而且每一种"通道"都是灰色图像。所谓"通道"抠图,就是利用"通道"亮度的反差进行抠图。

在"通道"里,黑色代表透明,把背景涂成黑色,背景就是透明的;白色代表不透明,如果要将图中某部分抠下来,就在"通道"里将这一部分描成白色。半透明的地方保持原来的灰度不变。

"通道"在抠图中的作用是:利用"通道"建立选区,用修改"通道"来选择选区的范围。把图像部分涂成白色,只是确定了选区的范围,图像并没有变成白色。

具体操作步骤如下:

(1)图像分析。以一张婚纱照作为素材,这张图像的特点是婚纱四周界限分明,可以用"磁性套索工具"选取,用"通道"抠图可以抠出半透明的效果,如图 7.46 所示。

(2)复制通道。打开"通道"面板,选择反差最大的通道,这里是绿色通道,如图 7.47 所示。

 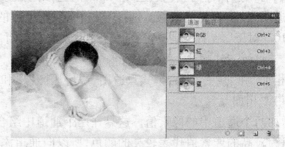

图 7.46   图 7.47

将绿色通道拖到图标 ▣ 上,创建一个绿色通道副本,如图 7.48 所示。

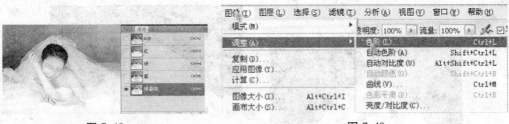

图 7.48　　　　　　　　　　　　　　　图 7.49

（3）调整色阶。为了增加颜色反差，执行"图像"→"调整"→"色阶"命令，如图 7.49 所示。

打开"色阶"面板，把两边的三角形往中间拉，如图 7.50、图 7.51 所示。

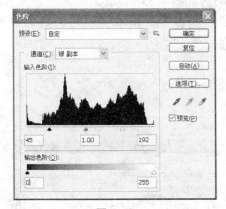

图 7.50

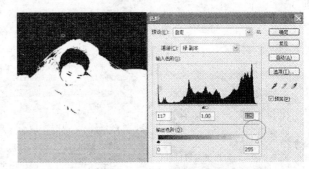

图 7.51

（4）将背景填充成黑色。用"磁性套索工具"沿着婚纱的边缘让它自动选择背景，如图 7.52 所示，当然也可以选择婚纱，然后执行"选择"→"反向"命令，用油漆桶将背景填充成黑色，或执行"编辑"→"填充"→"黑色"命令（上面已经讲过，黑色是透明的，所以要将背景涂成黑色）。

图 7.52

（5）将图像不透明的地方涂成白色。因为白色是不透明的，所以要将图像中不透明的地方涂成白色。

执行"选择"→"反向"命令，把图像选定，这样可以防止涂抹到背景上；然后将画笔调成白色，沿着人体不透明的地方涂抹，首先把画笔调小，沿着边缘涂抹，如图 7.53 所示。

然后再将画笔调大，把不透明的地方全部涂成白色，注意透明的婚纱一定不能涂，如图 7.54 所示。

图 7.53   图 7.54

（6）载入选区。选定"RGB 通道"，而"绿 副本"不选，如图 7.55 所示。

回到"图层"面板，执行"选择"→"载入选区"命令，选择"绿 副本"通道，如图 7.56 所示。

图 7.55   图 7.56

（7）拷贝粘贴。执行"编辑"→"拷贝"命令，也就是复制选区，新建一个图层，如图 7.57 所示。

图 7.57   图 7.58

执行"编辑"→"粘贴"命令，将选区粘贴到新图层中，如图 7.58、图 7.59 所示。为了看得更清楚，可以添加一个背景层，如图 7.60 所示。

图 7.59

图 7.60

（8）最后修饰。如果还有一些缺陷，可以用 Photoshop 的"橡皮擦工具"、"加深工具"、"减淡工具"等来修饰图片。

仔细看，这张图片的不足主要是半透明婚纱中可以看到原图像中的灰色，可以用"减淡工具"来解决，如图 7.61 所示。

图 7.61

将"减淡工具"的画笔硬度调到 100，在有淡灰色的婚纱处涂抹，人体清晰，婚纱透明，原来的背景色也看不到了。添加背景后的效果如图 7.62 所示。

图 7.62

 课后练习

一、单选题

1. 若要进入快速蒙版状态，应该（　　）。

A. 建立一个选区

B. 选择一个 Alpha 通道

C. 单击工具箱中的"以快速蒙版模式编辑"图标

D. 执行"编辑"→"快速蒙版"命令

2. 在"通道"面板上按住（　　）功能键可以加选或减选。

A. ＜Alt＞　　　　　　B. ＜Shift＞　　　　　　C. ＜Ctrl＞　　　　　　D. ＜Tab＞

3. Alpha 通道最主要的用途是(　　　)。

A. 保存图像的色彩信息　　　　　　　　　　B. 创建新通道

C. 存储和建立选择范围　　　　　　　　　　D. 为路径提供通道

4. Alpha 通道相当于(　　)的灰度图。

A. 4 位　　　　　　　B. 8 位　　　　　　　C. 16 位　　　　　　　D. 32 位

5. 在工具箱底部有两个按钮,分别为"以标准模式编辑"和"以快速蒙版模式编辑",通过"快速蒙版"可对图像中的选区进行修改,按键盘上的(　　　)键可以将图像切换到"以快速蒙版模式编辑"状态(在英文输入状态下)。

A. A　　　　　　　　B. C　　　　　　　　C. Q　　　　　　　　D. T

二、多选题

1. 在"存储选区"对话框中将选择范围与原先的 Alpha 通道结合有(　　　)方法可以选择。

A. "无"　　　　　　　　　　　　　　　　　B. "添加到通道"

C. "从通道中减去"　　　　　　　　　　　　D. "与通道交叉"

2. (　　　)可以将现存的 Alpha 通道转换为选择范围。

A. 将要转换选区的 Alpha 通道选中并拖到"通道"面板中的"将通道作为选区载入"图标上

B. 按住 <Ctrl> 键单击 Alpha 通道

C. 执行"选择"→"载入选区"命令

D. 双击 Alpha 通道

3. 如果在图像中有 Alpha 通道,并将其保留下来,需要将其存储为(　　　)格式。

A. PSD　　　　　　　B. JPEG　　　　　　　C. DCS2.0　　　　　　　D. PNG

4. 下列对专色通道的描述正确的是(　　　)。

A. 在图像中可以增加专色通道,但不能将原有的通道转化专色通道

B. 专色通道和 Alpha 通道相似,都可以随时编辑和删除

C. Photoshop CS5 中专色是压印在合成图像上的

D. 不能将专色通道和彩色通道合并

5. 下列关于蒙版的描述正确的是(　　　)。

A. 快速蒙版的作用主要是用来进行选区的修饰

B. 图层蒙版和图层矢量蒙版是不同类型的蒙版,它们之间是无法转换的

C. 图层蒙版可转化为浮动的选择区域

D. 当创建蒙版时,在"通道"面板中可看到临时的和蒙版相对应的 Alpha 通道

第 8 章　色彩调整

本章重点

　　通过本章学习,应理解色彩调整的基本概念,掌握色彩调整的工具及命令的使用方法。色彩调整是运用 Photoshop CS5 进行图片处理的非常基本且重要的环节之一,其很好地结合了图层操作、调整操作及蒙版操作。

学习目的:

✓ 了解色彩调整的基本概念
✓ 理解颜色模型和颜色模式
✓ 掌握色彩调整工具的使用方法
✓ 掌握亮度/对比度、色阶、曲线、反相等色彩调整命令的使用方法
✓ 掌握颜色调节层的应用
✓ 掌握颜色调节层蒙版的应用

8.1　色彩调整的基本概念

　　色彩调整是 Photoshop CS5 图片处理非常重要的环节之一,它可以对图像的后期色彩调整起到关键的作用。

　　Photoshop CS5 提供了非常多的色彩调整命令,通过执行这些命令,可以有针对性地对图像色彩进行调整。因此,必须掌握每个命令的基本概念,从而更好地使用它们。

　　● 色阶:该命令用来调节图像中的亮度值范围,同时对图像的饱和度、对比度、明度等色彩值也可以进行调整。

　　● 自动平衡:该命令可以使图像的各个色彩参数自动进行调整,它将每个通道中的最亮像素点颜色定义为白色,最暗像素点颜色定义为黑色,按比例重新分配中间色。

　　● 曲线:该命令功能与色阶类似,它可以更加精确地调节图像颜色的变化范围。

　　● 色彩平衡:该命令可以在图像中阴影区、中间调区和高光区添加新的过滤色彩,混合各处色彩以增加色彩的均衡效果。

　　● 图像的亮度和对比度:该命令可以对图像的明度和对比度进行直接、简单的调节。

　　● 色相/饱和度:该命令可以改变图像的色相、饱和度和明度值。

　　● 去色:该命令可以使图像变成单色图像而不改变图像的色彩模式,它使图像中的色相饱和度调节为零,图像变为灰度图像。

● 替换颜色：通过有效地选取图像范围，对选取部分的色相、饱和度、明度进行调整，从而达到替换的效果。

● 选择颜色：可分别对 CMYK 各原色进行调整。

● 通道混合器：该命令对图像的通道进行编辑，以此改变图像的颜色并转换图像的颜色范围，对选择每种颜色通道的百分比进行设置，可以处理出高品质的灰度图像、棕褐色调图像或其他色调图像。

● 反相：可以反转图像中的颜色，使图像变成负片。

● 色调均化：适用于较暗的图像。使用此命令可以对图像中像素的亮度值进行重新分布，使得这些像素能更加均匀地呈现所有范围的亮度级。

● 阈值：可将图像转换为高对比度的黑白图像。

● 色调分离：可以减少图像层次从而产生特殊的层次分离效果。

● 变化：可以调整图像的高光区及阴影区等不同的亮度范围。

8.2　颜色模型和颜色模式

颜色模型是指用于表示颜色的某种方法，在计算机中可看成表示颜色的数学算法（如 RGB、CMYK 或 HSB）。

色彩空间可以看成是有特殊含义的颜色模型，它是根据不同环境和设备制定的特定的颜色范围（即色域范围）。颜色模型确定各值之间的关系，色彩空间将这些值的绝对含义定义为颜色。每台设备根据自己的色彩空间生成其色域内的颜色。我们可以通过色彩管理减少移动图像时所产生的因每台设备按照自己的色彩空间解释的 RGB 值或 CMYK 值所导致的颜色变化差异。

颜色模式是基于颜色模型的，它决定一幅数字图像用什么样的方式在计算机中显示或打印输出。值得注意的是，我们要慎选颜色模式，避免因多次模式转换而造成某些颜色值的丢失。

有如下几种颜色模式：RGB 颜色模式、CMYK 颜色模式、Lab 颜色模式、灰度模式、位图模式、双色调模式、索引颜色模式、多通道模式等。

● RGB 颜色模式：该模式适用于电脑屏幕上显示的图像。每个像素都有一个强度值，当颜色通道为 8 位时，每个 RGB（红色、绿色、蓝色）分量的强度值为 0（黑色）~255（白色）。

● CMYK 颜色模式：该模式亦称为印刷色彩模式，适用于报纸、期刊、杂志、宣传画、海报等。CMYK 中的每个字母分别对应于青色、洋红色、黄色、黑色。

● Lab 颜色模式：该模式描述的是颜色的显示方式。Lab 对应的是人对颜色的感觉，和设备无关。故色彩管理系统以 Lab 为色标，将颜色在不同的色彩空间之间转换。

● 灰度模式：该模式使用单一的色调描述图像，由不同的灰度级构成。例如：一幅 8 位的图像，可达到 256 级灰度，每一个像素都有一个亮度值（在 0~255 之间）。

● 位图模式：该模式下，图像中的像素用黑色或者白色表示。

● 双色调模式：该模式通过 1~4 种自定油墨创建单色调、双色调（两种颜色）、三色调（三种颜色）和四色调（四种颜色）的灰度图像。使用该种模式可以利用较少的颜色表示尽可能多的颜色层次，以此减少印刷成本。

● 索引颜色模式：该模式最多可以表示 256 种颜色的 8 位图像。Photoshop CS5 构建了一个颜色查找表（CLUT），对将要转化为该模式图像的颜色进行索引后直接表示或选取最接近者表示。

● 多通道模式：该模式的每个通道包含 256 个灰阶，用于特殊打印或输出。

8.3　色彩调整的工具

8.3.1　拾色器

拾色器主要用于前景色、背景色和文本颜色的设置。可以通过执行"编辑"→"首选项"→"常规"命令，在"常规"面板中进行拾色器的选取，如图 8.1 所示。拾色器默认为 Adobe 拾色器，另一种为 Windows 拾色器，但较 Adobe 拾色器而言，Windows 拾色器选色的精度不高，较为粗糙，故大多数情况下我们选用默认的 Adobe 拾色器。

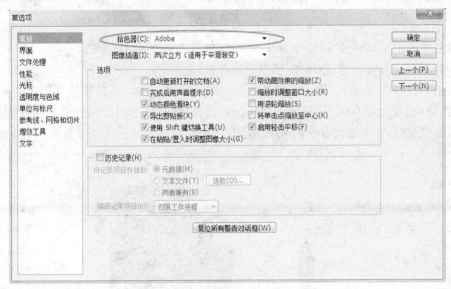

图 8.1

在左侧工具箱下方位置可看到拾色器颜色选框按钮■，该按钮上面颜色选框表示前景色，下面颜色选框表示背景色。单击时，会出现对应的拾色器窗口，如图 8.2 所示即为拾色器（前景色）窗口。

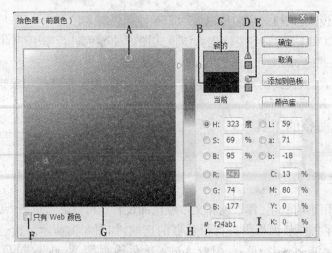

A—拾取的颜色　B—原稿颜色　C—调整后的颜色　D—"溢色"警告图标　E—"非 web 安全"警告图标　F—"web 颜色"选项　G—色域　H—颜色滑块　I—颜色值

图 8.2

拾色器中使用 HSB、RGB、Lab 和 CMYK 四种颜色模型来选取颜色。

HSB 将颜色分为色相、饱和度、明度三个部分。

色相 H(Hue)，表示红、橙、黄、绿、青、蓝、紫，用角度表示。其色相环如图 8.3 所示，例如，红色是 0°，黄色是 60°。通过单击"H"前的选择按钮，在中间的颜色滑块即色相带上进行基本颜色选择，在左边大框中则表明该颜色的明暗及饱和度，如红色，如图 8.4 所示。

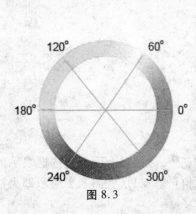

图 8.3

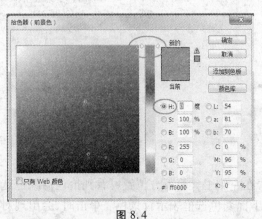

图 8.4

饱和度 S(saturation)，指色彩的纯度，以百分比表示图像色相中彩色成分所占的比例，纯度越高，图像色彩显示越鲜明，纯度越低，图像色彩表现则越黯淡，饱和度从 0%(灰色)至 100%(完全饱和)。当单击"S"前面的按钮时，左边大框可对颜色色相及明度进行选取，中间颜色滑块则可供选定的色相颜色进行饱和度的选取，如图 8.5 所示。

明度 B(brightness)，也称为亮度，表示颜色在明暗、深浅上的不同变化，亮度高则色彩明亮，亮度低则色彩暗淡，亮度最高得到纯白，亮度最低得到纯黑，亮度以百分比从 0%(黑)至 100%(白)进行度量。单击"B"前面的按钮时，可在左边大框中进行颜色色相及饱和度的选取，在中间颜色滑块中对颜色亮度进行选取，如图 8.6 所示。

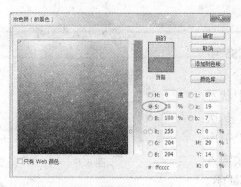

图 8.5

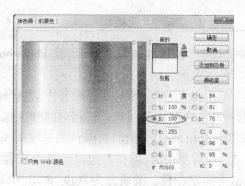

图 8.6

对颜色的拾取,可以有如下三种方式:

(1)用鼠标在拾色器面板上单击生成。

(2)用鼠标指向画面,此时鼠标呈吸管状,在想要获取的颜色上单击吸取,并在拾色器中新的颜色色块上显示出来,如图 8.7 所示。

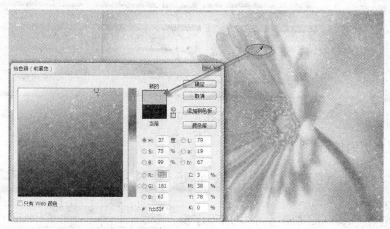

图 8.7

(3)在拾色器的 HSB、RGB、Lab 和 CMYK 四种颜色模型中分别输入相应数值来生成想要的颜色。例如,想要获取蓝色,可对 RGB 分别赋值为 0,0,255,如图 8.8 所示。

在前景色/背景色选框上面分别有默认前景色/背景色和切换前景色/背景色的按钮,当单击时分别作用于颜色选框,实现自动设置前景色/背景色为默认黑白色功能,并可实现前景色和背景色切换的功能。

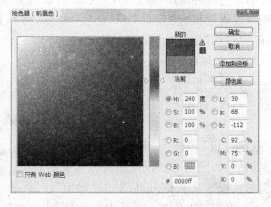

图 8.8

注:当颜色选定后,在拾色器上出现图标,表示警告:打印时颜色超出色域。单击其色块就会切换到离目标颜色最接近的 CMYK 可打印色。当出现图标,表示警告:不是 Web 安全颜色。

8.3.2 "颜色"面板

"颜色"面板如图 8.9 所示,是 Photoshop CS5 中又一种选取颜色的方式。

单击颜色选框,使前景色或者背景色呈选中状态(即有黑色边框),可对其进行相应的颜色选取。初次单击时,会出现拾色器窗口,颜色的选取如 8.3.1 节中所述。以后单击时,可在右边拉动滑块或者直接输入数值来确定颜色。滑块分为灰度、RGB、HSB、CMYK、Lab、Web 颜色,可点击面板右上角的图标 ,从弹出菜单中切换,如图 8.10 所示。

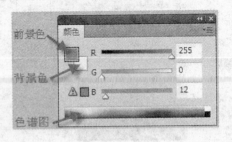

图 8.9

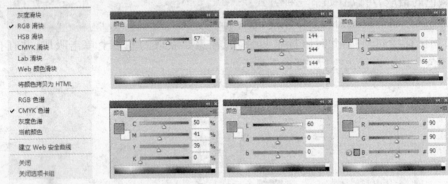

图 8.10

8.3.3 色板的使用

色板可以进行前景色和背景色的选取,它更为重要的功能是存储颜色。

色板一般在 Photoshop CS5 整个应用程序窗口的右边以浮动面板的形式显示。若没有显示,则可以通过执行"窗口"→"色板"命令,将其打开。"色板"面板如图 8.11 所示。

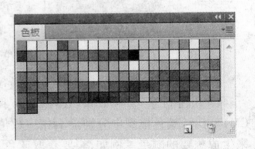

图 8.11

1. 色板的添加

一般色板的添加指将色板颜色设置为与前景色一致,有如下几种方法:

(1) 单击"色板"面板右下角的"新建色板"图标 ,打开"色板名称"对话框,如图 8.12 所示,在名称框中给当前色板定义名称,最后单击"确定"。此时,可以在"色板"面板中看到刚刚新建的色板。

图 8.12

(2) 将鼠标放置于色板的空白地方,鼠标变成油漆桶时单击,打开"色板名称"对话框,命名后确定。

（3）单击"色板"面板右上角的按钮，在弹出菜单中选择"新建色板"，同样打开"色板"名称对话框，命名后确定。

2. 删除色板

删除色板有如下几种方法：

（1）将鼠标移动到"色板"面板的某个色板上，鼠标呈吸管状时右击，在弹出菜单中选择"删除"命令。

（2）将要删除的色块选中，拖拽到"色板"面板右下角的"垃圾桶"图标中，直接删除。

（3）按住 < Alt > 键的同时，将鼠标指针移到将要被删除的色板上，当鼠标出现剪刀状时，单击"删除"命令。

3. 色板的重命名

右击某一色板，在弹出菜单中选择"重命名色板"命令，然后重新命名。

4. 存储色板

新添加的颜色只在编辑会话之间保持，若要永久存储一种颜色，便要将其存入库。单击按钮，在弹出菜单中选择"存储色板"，出现存储界面，如图 8.13 所示。以 ACO 为文件后缀名，修改文件名，将其存储。

图 8.13

5. 切换面板组合

单击按钮，在弹出菜单中对不同模式颜色进行选择，呈现不同的"色板"面板组合，其中部分面板 HKSE、ANPA、DIC、Web 色相如图 8.14、图 8.15、图 8.16、图 8.17 所示。

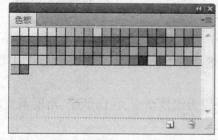

图 8.14

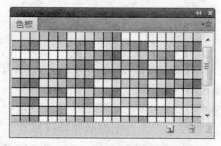

图 8.15

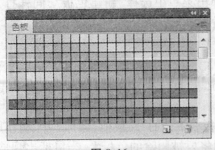 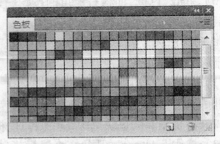

图 8.16   图 8.17

6. 加载面板

以当前面板为基准,单击按钮▤,在弹出菜单中选择"加载"面板,可将不同类型的面板加载到 处。

7. 复位面板

以当前面板为基准,单击按钮▤,在弹出菜单中选择"复位"色板,恢复默认状态。

8. 色板的使用

单击"色板"面板中的某个色板,是对前景色进行设置。若要设置背景色,则可以切换前景色/背景色,进行颜色设置后再切换回来,但这样做较繁琐,可以按住 < Ctrl > 键的同时单击色板,便可以直接对背景色进行选取。

8.3.4 渐变颜色

1. 基本渐变颜色设置

具体操作步骤如下:

(1) 单击左侧工具箱中的"渐变"按钮▢,渐变工具的属性栏如图 8.18 所示:

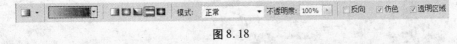

图 8.18

(2) 单击▤▤右边的小三角,打开渐变编辑器,如图 8.19 所示。

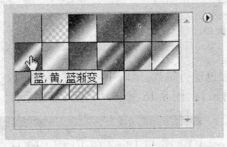 

图 8.19   图 8.20

(3) 新建一个图层,选择上图所示渐变编辑器中的"蓝,黄,蓝渐变"色块,此时当前渐变色便显示为▤▤▤。

(4) 设置栏中的▤▤▤▤▤表示显示类型,分别为线性渐变、径向渐变、角度渐变、对称渐变、菱形渐变。此处选择的是线性渐变。

(5) 在图层中拖拽鼠标,此处若采用垂直拖拽鼠标,效果如图 8.20 所示,当然可以根据情况来选择拖拽路线,显示不同的渐变效果。

若当前渐变拾色器中的渐变色块不能满足需求,可以使用渐变库进行渐变设置。具体操作步骤如下:

(1)在渐变拾色器中单击右上角的小三角,在弹出菜单的下面部分会显示渐变样本库,如图8.21所示。

(2)选择其中一种单击,此处单击"杂色样本",确定用杂色样本替换当前的渐变后,在渐变拾色器中便显示杂色样本库中的渐变色块,选择其中一款渐变色块"日出",如图8.22所示。

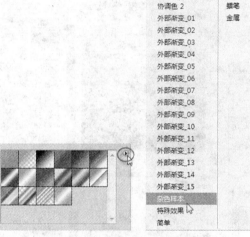

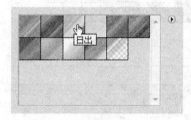

图 8.21   图 8.22

(3)选择不同的显示类型,分别在图像中用鼠标进行拖拽,如图8.23、图8.24、图8.25、图8.26、图8.27分别为线性渐变、径向渐变、角度渐变、对称渐变、菱形渐变效果。

图 8.23   图 8.24   图 8.25

注:如同色板操作,我们可以对渐变色拾色器中的色块进行重命名、删除、复位、载入、存储等操作,具体操作步骤类同于色板操作,这里不再赘述。

2. 自定义渐变色

当渐变拾色器和样本渐变库中

图 8.26   图 8.27

的渐变色还不满足个人需求,想设计出有个性的渐变色时,我们可以进行如下操作,自定义渐变色。

具体操作步骤如下：

（1）首先在"渐变工具"属性栏上单击"渐变色"按钮，打开"渐变编辑器"窗口，如图 8.28 所示。"渐变编辑器"窗口由预设部分、名称部分、色标编辑部分三大块构成。

（2）单击"预设"色谱中的某一渐变色，如前景色到背景色渐变，在色标编辑部分对其进行详细设置。

单击最左边"色标"按钮，在下方颜色编辑器便呈现可操作状态，在 颜色：![色块]▶ 中，单击色块，弹出"选择色标颜色"对话框，选取想要的颜色。同理，单击右边"色标"按钮，进行第二种颜色选取设置，如图 8.29 所示。

图 8.28

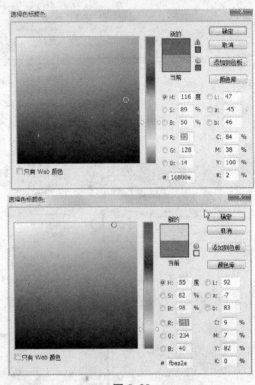

图 8.29

此时渐变色带呈现如图 8.30 所示状态。

单击"不透明度色标"按钮，在"不透明度"中进行设置，如图 8.31 所示。

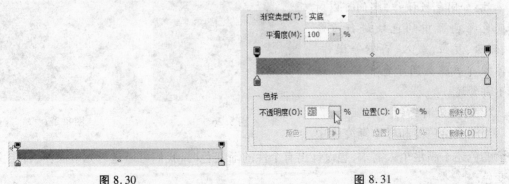

图 8.30　　　　　　　　　　　　　　　　图 8.31

在两色标或两个不透明度色标之间会有一个很小的空心菱形滑块,单击它,使其变为实心。通过滑动它,可以调节颜色过渡位置,也可以在色标位置中输入数值确定位置。

此外,还可以添加渐变色标,即在两个色标中间的任意空白位置处单击,表示添加一个色标,可对其进行上述基本设置。若要添加多个色标,可多次单击进行添加。

若要删除不要的色标,有两种方法:A. 可以通过选中相关的色标滑块按钮,单击"删除"按钮即可;B. 直接向内侧拖动相关色标滑块按钮。

设置完成后的渐变色如图 8.32 所示。

(3)单击"确定"按钮,此时便可以使用所设置的渐变色。

该渐变色已经设置完成,需要注意的是,它只在编辑过程有效,我们可以选择对其进行存储,方便今后使用。

在"名称"框中输入名称:绿红黄。单击"新建"按钮,便添加到"预设"面板中;想要永久保存,可以单击"存储"按钮,出现"存储"对话框,如图 8.33 所示,以"绿红黄.grd"为文件名保存。当需要的时候可以进行载入操作。

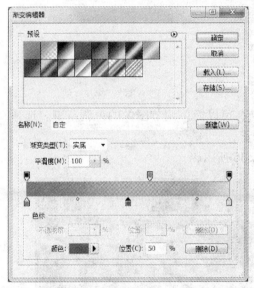

图 8.32

图 8.33

8.4 色彩调整命令

色彩调整命令可以通过执行"图像"→"调整"命令,在"调整"级联菜单中有关于"亮度/对比度"、"色阶"、"曲线"、"色相/饱和度"、"色彩平衡"等一系列色彩调整操作命令,如图 8.34 所示。

图 8.34

8.4.1　亮度/对比度调整

此命令用于调节图像的亮度与对比度。通过它,可以简单调节图像的色调范围。选择该命令,打开"亮度/对比度"对话框,如图 8.35 所示。

打开素材文件夹中的图片"8 - 1.jpg",如图 8.36 所示。

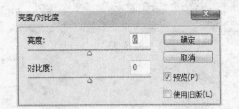

图 8.35

图 8.36

设置"亮度"为 -60,对比度为 -30 时,图片变得昏暗,色彩灰暗,如图 8.37 所示。

设置"亮度"为 60,对比度为 30 时,图片变得明亮,颜色鲜艳,如图 8.38 所示。

图 8.37

图 8.38

8.4.2　色阶调整

此命令主要用于更改图像的层次作用效果,它对图像的主通道以及各个单色通道的阶调层次分布进行调节。

执行"图像"→"调整"→"色阶"命令,或者按快捷键 < Ctrl > + < L >,打开色阶对话框,如图 8.39 所示。

色阶对于图像的高光及暗调层次的调节较为有效。色阶根据图像中每个亮度值(0 ~ 255)的像素进行分布。

对话框中具体设置如下:

(1)在"预设"栏中选取设置好的色阶类型进行图像处理,有"默认值"、"较暗"、"增加对比度"三种。

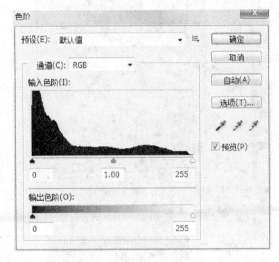

图 8.39

(2)在"通道"选项中,可以看到当前图像的模式,它会跟随图像模式不同而发生变化。通过对通道的选择可以对复合通道或者单色通道分别进行调节。输入色阶对应原始图像,输出色阶对应调整后的图像。

(3)"输入色阶"左边的黑色三角形滑块,称为"阴影输入滑块",通过对它的滑动操作可以调节控制图像的浅色部分,越往右颜色越深,即黑场操作;右边的白色三角形滑块称为"高光输入滑块",通过对它的滑动操作可以调节控制图像的深色部分,即白场操作,越往左越亮;中间的灰色三角形滑块,通过对它的滑动操作可以调节控制图像的中间色,即灰场操作。

(4) 右边三个吸管分别表示从图像中取样分别设置黑场、灰场、白场。黑场:用来校正颜色,选取此工具后在图像中单击取样,可将取样点的颜色设置为图像中最暗的点,所有比它暗的像素会变为黑色。灰场:在图像中单击取样后可根据取样点像素的亮度来调整中间色调的平均亮度。白场:选择此工具后,在图像中单击取样,可将取样点的颜色设置为图像中最亮的点,所有比它亮的像素会变为白色。

使用色阶调节图片色调的方法如下:

(1)打开素材文件夹中的图片"8-2.jpg",如图8.42所示。

(2)通过单击菜单栏的"图像"→"调整"→"色阶"命令进行编辑。此处,介绍另外一种更常用的方法进行色阶调整,单击"图层"面板下方的"创建新的填充或调整图层"图标 ,弹出菜单与"调整"命令基本一致,选择"色阶"选项,则为原始图片建立了一个新的"调整"图层,可以在其上方的"调整"面板中进行色阶的编辑。此时"图层"面板如图8.40所示。

(3)在"调整"面板中进行设置,如图8.41所示。

图 8.40

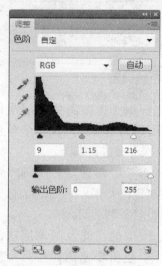

图 8.41

设置完成的效果如图8.43所示,图片被提亮,增强了图片的暗部细节。

图 8.42

图 8.43

8.4.3 曲线调整

对图像色调进行调整,除了采用色阶调整之外还可以使用"曲线"调整。色阶进行白场、黑场、灰度的调节,适合粗调,适用于高光、暗调。曲线更有利于细致的调整,不但可以对整个色调范围内的点进行调节,还可实现图像层次颜色深浅的调节,纠正色偏等。

通过执行"图像"→"调整"→"曲线"命令,或者使用快捷键<Ctrl>+<M>,打开"曲线"对话框,如图 8.44 所示。

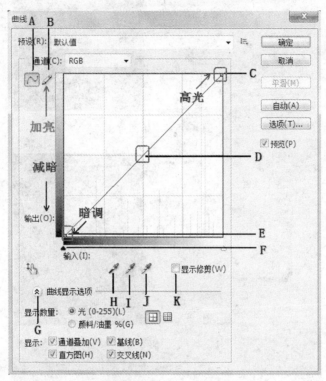

A—编辑点以修改曲线　B—通过绘制来修改曲线　C—设置黑场　D—设置灰场　E—设置白场
F—黑场和白场滑块　G—曲线下拉菜单　H—黑场吸管　I—灰场吸管　J—白场吸管　K—显示
修剪

图 8.44

水平轴表示输入色阶,水平灰度条对应原始图像色调;垂直轴表示输出色阶,垂直灰度条对应调整后图像的色调。初始状态下输入与输出色调值相同,故此时曲线呈现为一条直线状态。

曲线左下角端点向右滑动,图像整体变暗,增加图像暗部的对比度,使得原先暗的地方调暗效果更为明显;该端点向上滑动,则图像整体提亮。曲线右上角的端点向左滑动,图像整体变亮,增加图像亮度的对比度,使得亮的地方提亮效果更为明显;该端点向下滑动,则图像整体变暗。曲线斜度表示灰度系数,若在曲线中点处单击,便添加一个节点,将该节点向上移动,图像整体变亮;将该节点向下移动,则图像变暗。可以根据需要添加多个节点进行图像调整。

打开素材文件夹中的文件图片"8-3.jpg",对其进行曲线操作,效果如图 8.45、图 8.46所示。

图 8.45　原始图片

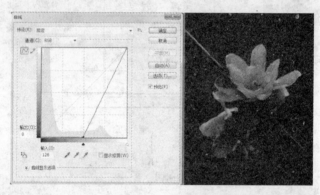

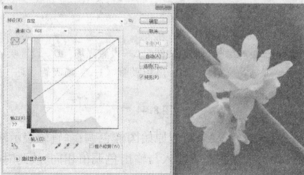

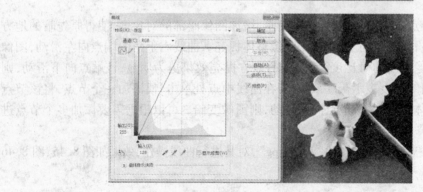

图 8.46

注：(1) 若要查看图像上任意一点的确定值,可以直接将鼠标移动到图像窗口,指针自动变为吸管状,此时在想要查看的地方单击,曲线上便会出现与之对应的点,在"输入"、"输出"处也会显示相应的亮度值。若要在曲线上固定这个点,可在图像上单击的同时按住 <Ctrl> 键。这样,我们便可以根据需要只改变某些特定地方的亮度。

(2) 黑、白、灰场吸管的使用方法和色阶基本相同。

实例 1：曲线调整人物头像

打开素材文件夹中的文件图片"8-4. jpg",如图 8.47 所示,对图像进行"曲线"调整,如图 8.48 所示,使得景物背光面变暗,提亮受光面,效果如图 8.49 所示。

图 8.47

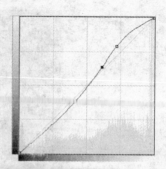
图 8.48

图 8.49

8.4.4 色相/饱和度调整

使用"色相/饱和度"命令,可以对图像中所有颜色同时调节,也可以有针对性地对图像中特定颜色范围的色相、饱和度、亮度进行调节。

注:该命令尤其适用于 CMYK 图像,方便其打印输出。

执行"图像"→"调整"→"色相/饱和度"命令,或者使用快捷键 < Ctrl > + < U >,打开"色相/饱和度"对话框,如图 8.50 所示。当然,还可以通过添加"色相/饱和度"调整层进行设置。

在"预设"中可以选用已有的效果。打开素材文件夹中的图片"8－5.jpg",作用效果如图 8.51 所示。

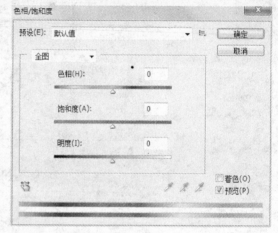
图 8.50

原图

增加饱和度

旧样式

深褐

图 8.51

"色相/饱和度"对话框中间部分可以对全图或者特定颜色范围进行色相、饱和度、明度的设置。通过色相调节,图像整体基调可发生变化,其数值范围在 -180 ~ +180 之间。

实例 2:对水果图片进行"色相/饱和度"操作

(1) 打开素材文件夹中的图片"8 - 6. jpg",如图 8.52 所示。

(2) 添加"色相/饱和度"调整层,通过单击"图层"面板下方的"创建新的填充或调整图层"按钮,选择"色相/饱和度"命令,即添加了一个"色相/饱和度"调整层,此时调节面板等同于"色相/饱和度"面板,可在调节面板中进行设置。

图 8.52

(3) 对该图像进行全图设置,如图 8.53 所示。当色相、饱和度、明度分别设置为(-42 , -39 , +2)和(+121 , -18 , -9)时,红色枣子变成了紫色和绿色。

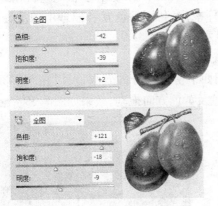

图 8.53

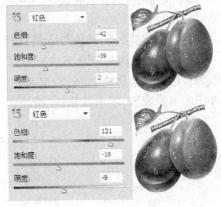

图 8.54

(4) 还可以单独对红枣变换色彩,保留枝干、叶子部分的颜色。将全图改选为红色,再对"色相/饱和度"进行调节,如图 8.54 所示。

(5) 除此以外,我们可以通过单击"着色"复选框使其变为单色照片。此时,色相范围为 0 ~ 360,可根据需要重新分配颜色,设置效果如图 8.55 所示,将红枣变为绿色单色照片。

图 8.55

8.4.5　色彩平衡处理

色彩平衡是色彩调整中的一个重要环节。通过对图像的色彩平衡处理,可以控制图像的颜色分布,校正图像色彩,更改图像的总体颜色混合,使图像整体达到色彩平衡效果。值得注意的是,在具体操作时,应确保在"通道"面板中选择了复合通道,并可以根据颜色的补色原理,确定要减少某个颜色,就增加这种颜色的补色。

实例 3:实现彩色照片色彩平衡效果

(1) 打开素材文件夹中图片"8 - 7. jpg",如图 8.56 所示。该图片为早晨阳光洒射下以清新绿色为主基调的树木林。现在我们将其变换为傍晚时分的景象。

(2) 执行"图像"→"调整"→"色彩平衡"命令,或者使用快捷键 < Ctrl > + < B >,打开

"色彩平衡"对话框,如图 8.57 所示。当然,还可以通过添加"色彩平衡"调整层进行设置。

图 8.56

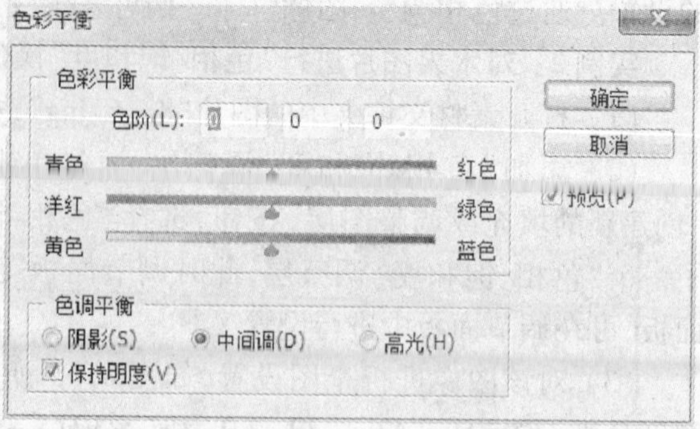

图 8.57

通过"色彩平衡"面板,可见"色调平衡"将图像分成三个色调:阴影、中间调和高光。每个色调都可以进行独立的色彩调整。在三个滑杆中,可利用颜色互补原理中的反转色(如青色对红色、洋红色对绿色、黄色对蓝色)进行色彩平衡设置。

注:属于反转色的两种颜色不能同时增加或减少。

原图为自然光下的景物状态,若要制作夕阳西下傍晚时分的效果,可以在"色彩平衡"面板中进行如下图 8.58 所示操作,使滑块向红色及黄色方向拖动,效果如图 8.59 所示。

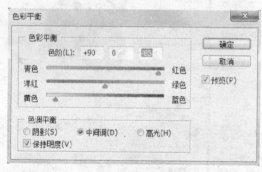

图 8.58

图 8.59

8.4.6 黑白处理

该操作可将彩色图像调整为黑白色。

实例 4:制作黑白效果向日葵

(1) 打开素材文件夹中的图片"8 - 8. jpg",如图 8.60 所示。

(2) 执行"图像"→"调整"→"黑白"命令,或者使用快捷键 < Alt > + < Shift > + < Ctrl > + < B >,打开"黑白"对话框,如图 8.61 所示,单击"确定"按钮,便设置成功为黑白图像。当然,还可以通过添加黑白调整层,在其对应的调整面板中进行相关设置,黑白效果图如图 8.62 所示。

Photoshop CS5 还提供了中灰密度、最白、最黑、红外线、绿色滤镜、蓝色滤镜、高对比度红色滤镜、高对比度蓝色滤镜、黄色滤镜等,可在"预设"中进行选择设置。

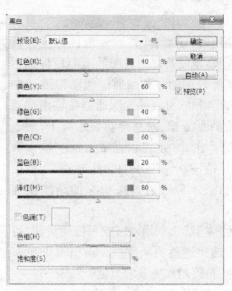

图 8.60   图 8.61

（3）想要突出向日葵，可以用向日葵黄色花瓣对应的黄色滑块进行调节，提亮黄色花瓣，使之变白，设置及效果如图 8.62、图 8.63 所示。

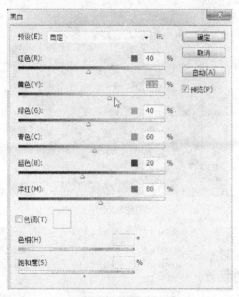

图 8.62   图 8.63

8.4.7　通道混合器

通过"通道混合器"对图像进行调整，对选择每种颜色通道的百分比进行设置，可以处理出高品质的灰度图像、棕褐色调图像或其他色调图像。

执行"图像"→"调整"→"通道混合器"命令，打开"通道混合器"对话框，如图 8.64 所示。还可以通过添加"通道混合器"调整层，在其对应的调整面板中进行相关设置。

"通道混合器"对话框中有两个概念非常重要。一是输出通道的选择，表示最终画面中什么颜色发生变化。二是源通道的设置，表示哪些范围区域发生了最终输出通道颜色的改变。

使用"通道混合器"命令对图像进行调整的过程,也就是将通过源通道向目标通道加减灰度数据的过程。通过滑动源通道中的三角形滑块,可以改变源通道在输出通道中所占的百分比,向左滑动表示减少,向右滑动表示增加。也可以在数值框中输入数值,数值范围在 −200 ~ +200 之间,当数值为负时,表示源通道被反相添加到输出通道中。

为"常数"选项输入值或者拖动滑块,可以调整输出通道的灰度值。正值增加更多的白色,负值增加更多的黑色。

选中"单色"复选框,可得灰阶图像。

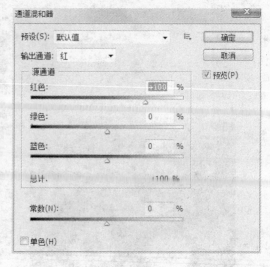

图 8.64

实例 5:通过通道混合器将秋景改成春景

打开素材文件夹中的图片"8 − 9.jpg",对其进行通道混合器调整,原图如图 8.65 所示,效果图如图 8.66 所示。

图 8.65

图 8.66

原图反映的是树木、草地都枯黄的秋季的景象。为了营造春天满目生机的感觉,在通道混合器对话框中,选取输出通道为红,源通道红色、绿色、蓝色设置相应数值为 −50,+96,+47,如图 8.67 所示。

8.4.8 反相处理

通过"反相"操作,可以反转图像中的颜色。在对图像进行"反相"时,每个像素的亮度值都会转换为 256 级颜色值标度上相反的值。例如,黑色通过"反相"变成白色,其余中间色依据 255 减去原像素值获得。

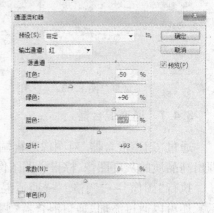

图 8.67

打开素材文件夹中图片"8-10. jpg",如图 8.68 所示,执行"图像"→"调整"→"反相",或者使用快捷键 <Ctrl> + <I>,便将当前图片设置为"反相"图片,如图 8.69 所示。还可以通过添加"反相"调整层,在其对应的调整面板中进行"反相"操作。

图 8.68

图 8.69

8.4.9　色调分离处理

"色调分离"使得图像颜色更加简单化,通过指定图像中每个通道的亮度值的数目,将像素映射为最接近的匹配色调。

执行"图像"→"调整"→"色调分离"命令,打开"色调分离"对话框,如图 8.70 所示。还可以通过添加"色调分离"调整层,在其对应的调整面板中进行"色调分离"操作。

图 8.70

请注意色阶数的概念,色阶数不表示图像颜色数,它表示每个通道中可显示的颜色数,色阶数越少,画面颜色越简单,色阶数越大,图像像素组合越密集,图像更为清晰。

打开素材文件夹中的图片"8-11. jpg",如图 8.71 所示。对其进行"色调分离",设置"色阶"为 3 和 4 的时候,其效果图分别如图 8.72、图 8.73 所示。

图 8.71

图 8.72

图 8.73

8.4.10　阈值调整

"阈值"调整将图像转换为高对比度的黑白图像。通过指定某个色阶作为阈值,图像中但凡比阈值亮的像素都被转换为白色,所有比阈值暗的像素都被转换为黑色。

执行"图像"→"调整"→"阈值"命令,打开"阈值"对话框,如图 8.74 所示。还可以通过添加"阈值"调整层,在其对应的调整面板中进行"阈值"操作。

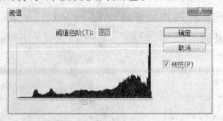

图 8.74

打开素材文件夹中的图片"8 - 12. jpg",如图 8.75 所示。对其进行"阈值"操作,设置"阈值色阶"为 128 时效果如图 8.76 所示。

图 8.75

图 8.76

8.4.11 匹配颜色

通过"匹配颜色"操作,可以实现一幅图片中的颜色与另一幅图片相匹配;一张图像中选区的颜色与另一张图像中的选区或者与自身其他选区相匹配。

匹配过程中还可以对亮度和颜色范围进行调整,并中和匹配后生硬的地方。

实例 6:黄土地与自然风光匹配颜色

打开素材文件夹中的图片"8 - 13. jpg"与"8 - 14. jpg",如图 8.77、图 8.78 所示。实现将图 8.78 的颜色匹配到图 8.77 中。

图 8.77

图 8.78

具体操作步骤如下:

（1）在 Photoshop CS5 中同时打开图片"8－13. jpg"与"8－14. jpg"。

注：必须在 Photoshop CS5 中同时打开多幅图像才能进行匹配颜色。

（2）使素材"8－13. jpg"处于编辑状态，即单击该图片所在图层。

（3）执行"图像"→"调整"→"匹配颜色"命令，打开"匹配颜色"对话框，对其设置如图 8.79 所示。该对话框主要由两个部分构成：一是指目标图像，此处为素材"8－13. jpg"，可以对其进行明亮度、颜色强度、渐隐等操作；二是指目标图像，把素材"8－14. jpg"作为源图像，它即将匹配到目标图片中去，效果如图 8.80 所示。

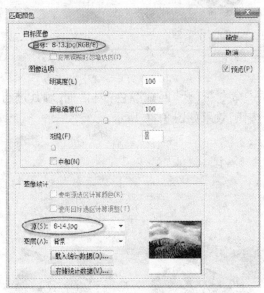

图 8.79

图 8.80

可以通过勾选"中和"复选框，对两张图片色调进行中和，设置及效果如图 8.81、图 8.82所示。

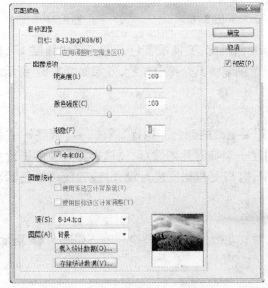

图 8.81

图 8.82

实例 7：图层间匹配颜色实现枣皮颜色的变化

（1）打开素材文件夹中的图片"8 - 6.jpg"，如图 8.83 所示。

（2）复制"背景"图层得到"背景 副本"。

（3）新建一个透明"图层 1"，并为其填充黄色。

（4）将"图层 1"设置为不可见，点击前面的"眼睛"图标。

（5）选择"背景 副本"图层为当前编辑图层。此时图层面板如图 8.84 所示。

图 8.83 　　　　　　　　图 8.84

（6）执行"图像"→"调整"→"匹配颜色"命令，打开"匹配颜色"对话框，对其进行设置，如图 8.85 所示。确认无误，单击"确定"按钮，效果如图 8.86 所示。

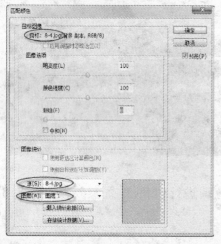

图 8.85 　　　　　　　图 8.86 　　　　　　图 8.87

（7）如果我们只想对其中的一只枣进行颜色匹配，变换成黄色，可先删除"图层 1"，然后在"背景 副本"图层上建立一个蒙版，用黑色画笔将其余部分涂绘，效果如图 8.87 所示。

8.4.12　替换颜色

使用"替换颜色"命令，可以替换图像中想要更改的颜色。执行"图像"→"调整"→"替换颜色"命令，打开"替换颜色"对话框，可创建一个临时性的蒙版，以选择特定颜色进行更换。替换的颜色可以通过对选定区域的色相、饱和度和亮度进行设置，或者使用拾色器来对替换的颜色进行选择。

实例 8：使用"替换颜色"命令替换花朵颜色

打开素材文件夹中的图片"8 - 15.jpg"，对其花朵颜色进行替换。原图如图 8.88 所示，效果如图 8.89、图 8.90 所示。

图 8.88

图 8.89

图 8.90

具体操作步骤如下：

（1）打开素材文件夹中的图片"8－15.jpg"。

（2）执行"图像"→"调整"→"替换颜色"命令，打开"替换颜色"对话框，对其进行设置，如图8.91所示。其中，对三个吸管的功能的了解和使用非常重要。 是普通吸管工具，可以对需要被替换的图像中的颜色进行基本选取。但多数情况下颜色有些明暗变换，即我们需要替换的是一个范围内的颜色，而不是一种颜色，所以可以使用第二个吸管 ，称为"添加到取样"吸管，其作用非常大，可以通过它在基本色的基础上吸取相关颜色进行补充。第三个吸管 ，称为"从取样中减去"吸管，其功能和第二个吸管相反，是从选取中取出一定的颜色范围区域。使用它们的时候要非常细致，否则做出来的效果会很粗糙。

（3）需要被替换的色彩区域被选取完成之后，应对替换颜色进行设置，可以滑动色相、饱和度、明度滑块或者输入数值设置，来确定替换颜色。此时，定义它们的数值分别为－58,0,0。替换颜色设置如图8.91所示。

图 8.91

（4）单击"确定"。效果如图8.89所示，将花瓣颜色替换为单一的红色。

（5）我们还可以将花瓣颜色变换成黄红相间的状态，此时必须使用第三个吸管进行更细微的处理，替换颜色蒙版中可设置为如图8.91所示状态，最终效果如图8.90所示。

8.4.13　色调均化

"色调均化"命令适用于较暗的图像。使用"色调均化"命令可以对图像中像素的亮度值进行重新分布，使得这些像素能更加均匀地呈现所有范围的亮度级。"色调均化"能重新分化图像中的像素值，使得图像最暗的地方呈现黑色，最亮的地方变成白色，中间的部分则均匀分布在整个灰度中。

打开素材文件夹中的图片"8－16.jpg"，如图8.92所示。执行"图像"→"调整"→"色调均化"命令，设置效果如图8.93所示。

图 8.92

图 8.93

8.5　颜色调节层

在 8.4 节中介绍的"色彩调整"命令,可以通过执行"图像"→"调整",在菜单中选取相应的命令进行"色彩调整"操作。

上述做法固然可行,对于简单的图像处理而言,没有什么影响。但是,在相对较为复杂、操作步骤较多的图像处理过程中,若图像颜色的调整操作是中间环节,做到后期时,希望对其进行修改,就会很麻烦,这不是通过撤销就可以简单解决的问题,那样的话会增加很多工作量。所以,通过"图像"→"调整"进行的操作在处理复杂图像处理时是一种破坏性的调整操作,不利于之后对其进行修改。因此,这种对色彩进行调整的方法不建议经常使用。

在此,引入一个新的概念:颜色调节层。顾名思义,这是对图像进行色彩调整的图层。通过单击"图层"面板下方的图标 ,弹出"色彩调整"菜单,该菜单与上述方法打开的"色彩调整"命令菜单基本一致。两种方法比较图如图 8.94 所示。

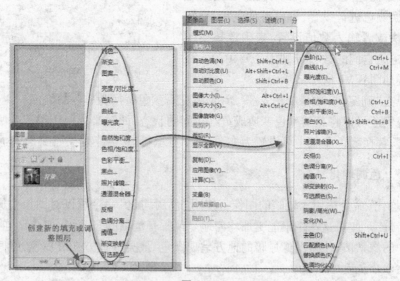
图 8.94

以"亮度/对比度"为例,说明颜色调节层的基本用法。

打开素材文件夹中的图片"8－17.jpg",如图 8.95 所示。

在上述图示弹出菜单中单击"亮度/对比度",则在背景图层的上面增加了一个亮度/对比度图层,如图 8.97 所示。"调整"面板也随之变化,出现对"亮度/对比度"进行调节的内容,如图 8.97 所示,此时的"调整"面板与执行"图像"→"调整"→"亮度/对比度"命令所打开的对话框一致。

图 8.95

图 8.96

图 8.97

此时,我们可以在"调整"面板中对图像进行"亮度/对比度"的调节操作,设置亮度为 50,对比度为 2,图片效果如图 8.98 所示。

由此可见,通过这种方法对图像颜色进行调整操作和通过菜单"图像"→"调整"命令进行调整的效果一致。这种方法的优点在于把调节的内容放置一个新的图层中,不会干扰其他操作。当不想要这个调整操作时,直接删除该图层即可,方法同一般图层删除操作。删除操作也可以在"调整"面板中进行,单击"调整"面板下方的删除图标，可以对该调整图层进行删除。

图 8.98

若希望暂时性地取消该操作,可以对该色彩调整图层进行不可见操作,单击图层名前面的眼睛按钮，或者单击"调整"面板下方的眼睛按钮，设置其暂时不可见。今后有需要时可通过再次单击使其可见。

上述内容只是以"亮度/对比度"为例对颜色调节层的用法进行介绍。对于其余的一些颜色调整命令,也都可以通过颜色调节层的方式进行。这是一种不具备破坏性的调节操作。

8.6 颜色调整层蒙版

颜色调整层蒙版同普通的图层蒙版类似,只不过在生成颜色调整层的同时便自动在相应的调整层创建了蒙版。蒙版可以显示或者隐藏相应图层的部分内容,使其部分不可编辑,从而起到保护作用。颜色调整层蒙版可以理解为能够屏蔽部分区域图像不进行颜色调整操作。

将颜色调整层蒙版填充为黑色,蒙版下的图层图像将会被完全遮挡。将颜色调整层蒙版填充为白色,则蒙版下的图层图像将完全显示。可以利用画笔工具根据需求在蒙版上进行涂抹,白色笔刷涂抹的白色区域为显示图层图像部分,黑色笔刷涂抹的黑色区域为遮挡图层图像部分。

实例 9:使用图层蒙版改变花卉图案的背景颜色

具体操作步骤如下:

(1)打开素材文件夹中的图片"8 - 18.jpg",如下图8.99 所示。

(2)在"图层"面板下方单击"创建新的填充或调整图层"按钮,在弹出菜单中选择"色相/饱和度"命令,此时在背景图层上面便创建了一个"色相/饱和度"调整层,在"调整"面板中则可对"色相/饱和度"进行设置。

图 8.99

(3)进行蒙版绘制。如果想要改变的是花的背景颜色,而花朵颜色基本不变,可以用画笔进行蒙版设置,使用"画笔工具",用黑色涂抹这朵花,将其遮挡住。在使用画笔时一定要小心选取大小合适的笔刷进行涂抹。此时,完成蒙版绘制的"图层"面板如图8.100 所示。

图 8.100

图 8.101

(4)在"调整"面板中对"色相/饱和度"进行设置,调整色相、饱和度和明度的值分别为+34、+18、+14。这样花的背景颜色便进行了适当的调整,如图8.101 所示。

(5)上面效果图已经把背景变换成功,但是背景比较朦胧,而花朵则显得有些突兀,此时,我们可以点击打开"调整"面板旁的"蒙版"面板,对蒙版进行设置,"蒙版"面板如图8.102所示。

在该面板中,设置浓度为85%,羽化值为11px。这样设置后,花朵与背景能较好地融合在一起,并不那么突兀了,效果如图8.103 所示。我们还可以进一步对蒙版进行详细设置,如对蒙版边缘、颜色范围等进行设置。

图 8.102

图 8.103

8.7 色彩调整的应用

8.7.1 让照片色彩更加艳丽

我们会有这样的体验,拍出来的照片有的时候层次非常丰富,颜色也很鲜艳;有的时候效果却不尽如人意,颜色黯淡,层次也不够鲜明。这是由于照相机的品牌不同,性能不同,拍摄时光线不同,所以拍摄出来的效果也不同,即照片对应不同的色彩还原效果。在 Photoshop CS5 中有多种方法可以将图片调节得光鲜夺目。

实例 10:让照片更加艳丽

如图 8.104、图 8.105 所示为照片色彩调节前后对比图。

图 8.104

图 8.105

具体操作步骤如下:

(1) 打开素材文件夹中的图片"8 - 19. jpg",如图 8.104 所示。

(2) 在菜单栏中执行"图像"→"调整"→"色相/饱和度"命令,打开"色相/饱和度"对话框,如图 8.106 所示设置参数,当前效果如图 8.107 所示。

图 8.106　　　　　　　　　　　　　　　图 8.107

（3）接着将"全图"设置选项改为"红色"、"黄色"、"绿色"、"青色"、"蓝色"、"洋红"，按图 8.108 所示设置其内部参数。

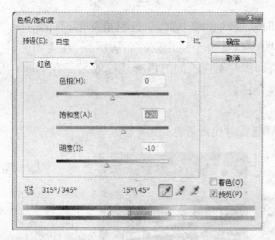

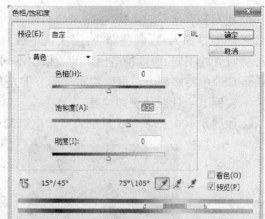

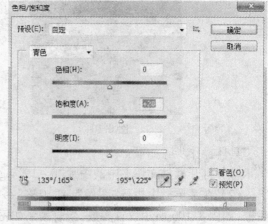

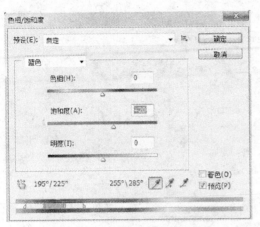
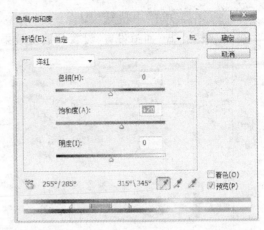

图 8.108

（4）在菜单栏中执行"图像"→"调整"→"色阶"命令，打开"色阶"对话框，分别选择"红"、"绿"和"蓝"通道设置，设置参数及效果如图 8.109 所示。

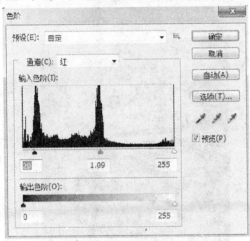
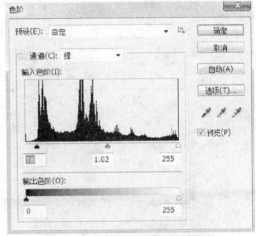

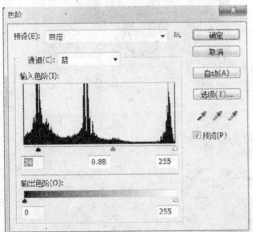

图 8.109

（5）在菜单栏中执行"图像"→"调整"→"曲线"命令，打开"曲线"对话框，分别对"红"、"绿"、"蓝"通道设置，设置参数及效果如图 8.111 所示。

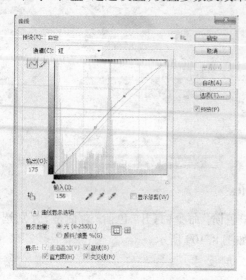 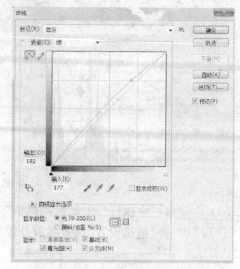

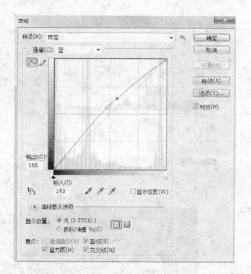 

图 8.110

（6）保存图片。

8.7.2 改变衣服的颜色

实例 11：更换小朋友的衣服颜色

原始图片与调整效果图如图 8.111、图 8.112 所示。

图 8.111

图 8.112

具体操作步骤如下：

（1）打开素材文件夹中的"8-20.jpg"，如图 8.112 所示。

（2）单击"图层"面板下方的"创建新的填充或调整图层"图标 ，在弹出菜单中选择"色相/饱和度"命令，便在背景图层上面创建了一个"色相/饱和度"调整图层。

（3）绘制蒙版。因为要将衣服的颜色进行调整，其余部分基本不发生改变，所以，可单击"画笔工具"，设置画笔颜色为黑色，选用不同大小的画笔，对图片中除衣服以外的剩余部分进行涂抹，较为精准地将这些部分用蒙版遮挡住，尤其注意边界处的涂抹。"图层"面板状态如图 8.113 所示。

图 8.113

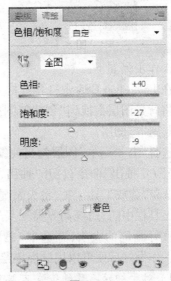
图 8.114

（4）在"调整"面板中对色相/饱和度进行调整，设置色相、饱和度和亮度值分别为+40，-27，-9。"调整"面板如图 8.114 所示。

（5）当对色相/饱和度进行调整时，可以看到衣服颜色发生变化。若刚才蒙版绘制中涂抹到了衣服上，衣服上的这部分颜色将不发生变化，可以再次选用"画笔工具"，设置为白色,在这些地方进行涂抹,便会修饰成功。这是一个非常细致的工作,需要进行认真的设置。

(6)保存图片。

8.7.3 染发

对于染发,我们可以借鉴更换小朋友衣服颜色的实例,利用"色相/饱和度"调整层蒙版将除头发以外的区域部分用黑色画笔涂抹,进行遮蔽,再通过对"色相/饱和度"的设置进行头发颜色的选择,从而实现染发效果。

但此时,我们选用另一种方法进行染发,通过菜单栏中的"滤镜"→"抽出"命令将头发选取,然后再对其进行颜色调整操作。

实例 12:染发

原始图像与染发效果图如图 8.115 与图 8.116 所示。

图 8.115   图 8.116

具体操作步骤如下:

(1)在 Photoshop CS5 中打开素材文件夹中的图片"8-21.jpg",如图 8.115 所示。

(2)将背景图层拖拽到"创建新图层"图标 中,创建一个"背景 副本"图层。

(3)选择"背景副本"图层为当前编辑图层,选择菜单栏的"滤镜"→"抽出"命令,打开"抽出"对话框。通过"抓手工具" 和"缩放工具" ,将头发显示在可视区域内。单击左边工具栏中的"边缘高光器工具"按钮 。在对话框右侧调整好画笔的大小,并选中"智能高光显示"复选框。准备工作做好后便可以用鼠标描绘头发边缘。

注:(1)对于细碎杂乱的头发末端可以通过减小画笔的大小进行描绘。(2)对于描绘不当的地方可以用"橡皮擦工具" 来擦除。(3)用鼠标描绘的是一个闭合区域。

(4)在绘制好的闭合区域内,使用"填充工具" 将其填充,如图 8.117 所示。

图 8.117

（5）单击"确定"按钮，将头发抽出至"背景 副本"图层中。当前"图层"面板及"背景副本"图层如图8.118、图8.119所示。

图8.118　　　　　　　　　　　　　　　　图8.119

（6）选择"背景 副本"图层为当前编辑层，单击菜单栏中"图层"→"调整"→"色相/饱和度"命令，打开"色相/饱和度"对话框，对其进行设置，如图8.120所示，将色相、饱和度、明度分别设置为－44，－3，－5。当前"背景 副本"图层如图8.121所示。

图8.120　　　　　　　　　　　　　　　　图8.121

（7）单击"确定"，效果如图8.116所示。

（8）保存图像。

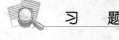 习　题

一、单选题

1. 在(　　)模式下，图像中的像素由黑色或者白色表示。

A. CMYK颜色模式　　　　　　　　　　B. Lab颜色模式

C. 多通道颜色模式　　　　　　　　　　D. 位图模式

2. 将图像转换为高对比度的黑白图像的图像调整命令是(　　)。

A. 阈值　　　　　　　B. 去色　　　　　　　C. 反相　　　　　　　D. 色调分离

二、多选题

1. 当要对图像进行反相操作时,除了通过单击"反相"命令进行外,还可以通过按键盘上的(　　)键来实现。

A. ＜Ctrl＞　　　　　　B. ＜Esc＞　　　　　　C. ＜U＞　　　　　　D. ＜I＞

2. 拾色器中使用(　　)颜色模型来选取颜色。

A. HSB、RGB　　　　B. Lab、CMYK　　　　C. HSB、CHYK　　　　D. RGB、Lab

3. 下列对色阶的表述正确的有(　　)。

A. 该命令对于图像的高光及暗调层次的调节较为有效

B. 输入色阶对应调整后的图像,输出色阶对应于原始图像

C. "高光输入滑块",通过对它的滑动操作可以调节控制图像的浅色部分,即黑场操作

D. "阴影输入滑块",通过对它的滑动操作可以调节控制图像的浅色部分,即黑场操作

三、填空题

1. ＿＿＿＿＿进行白场、黑场、灰度的调节,适合粗调,适用于高光、暗调。＿＿＿＿＿更有利于细致的调整,不但可以对整个色调范围内的点进行调节,还可实现图像层次颜色深浅的调节,纠正色偏等。

2. 通过"色彩平衡"面板,可见"色调平衡"将图像分成三个色调:＿＿＿＿＿＿＿＿＿＿＿＿＿＿＿＿＿＿＿。

四、操作题

1. 改变图8.122中葡萄的颜色,由绿色调整为紫色。原图见素材文件夹中的图片"8-21.jpg"。

图8.122

2. 匹配图片颜色。打开素材文件夹中的图片"8-23.jpg"和"8-24.jpg"。将图"8-24.jpg"中夕阳西下的景象匹配到图片"8-23.jpg"中,营造相近的氛围。

8.23.jpg

8.24.jpg

最终效果图

图 8.123

第9章　滤　镜

本章重点

　　滤镜是最能体现 Photoshop CS5 特点的一项功能,利用滤镜可以对图像进行模糊、像素化、锐化等特殊处理,并且可以模仿木纹、牛皮纸或石质纹理的效果。本章应重点掌握滤镜的基础知识、特殊功能滤镜的使用方法、滤镜的综合运用。

学习目的:

✓ 了解滤镜菜单和滤镜对话框
✓ 掌握滤镜的使用规则及使用技巧
✓ 掌握使用智能滤镜的方法
✓ 掌握特殊功能滤镜
✓ 综合应用各种滤镜处理图像

9.1　滤镜的基础知识

9.1.1　"滤镜"菜单

　　滤镜是最能体现 Photoshop CS5 特点的一项功能,利用滤镜可以对图像进行模糊、像素化、锐化等特殊处理,并且可以模仿玻璃、水纹、布纹或石质纹理。

　　Photoshop CS5 的"滤镜"菜单中设置了如下选项:"上次滤镜操作"、"转换为智能滤镜"、"滤镜库"、"镜头矫正"、"液化"、"消失点"、"风格化"、"画笔描边"、"模糊"、"扭曲"、"锐化"、"视频"、"素描"、"纹理"、"像素化"、"渲染"、"艺术效果"、"杂色"、"其它"、"Digimarc"、"浏览联机滤镜"。如图 9.1 所示。

　　"滤镜"菜单中显示为灰色的选项是不可以使用的选项,一般情况下是由图像的模式造成的。

　　Photoshop CS5 允许使用其他厂商提供的滤镜,由第三方开发商提供的滤镜称为外挂滤镜。已安装的外挂滤镜,会显示在"滤镜"菜单的底部。

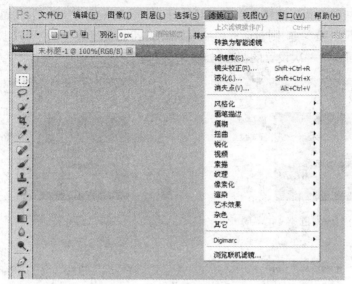

图 9.1

9.1.2 滤镜对话框

使用滤镜命令处理图像时,通常会打开"滤镜库"或相应的滤镜对话框,在对话框中可以设置滤镜的参数,并预览滤镜的效果,操作过程一般有以下几步:

(1)选择需要加入滤镜效果的图层,如图 9.2 所示。

(2)在"滤镜"菜单中,选择需要使用的滤镜命令。如果该滤镜有对话框参数的设置,则可使用滑块设置,或直接输入数据得到较精确的设置,如图 9.3 所示即为"动感模糊"滤镜对话框。

图 9.2

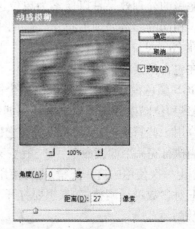

图 9.3

(3)预览图像效果,如图 9.4 所示。大多数滤镜对话框中都设置了预览图像效果的功能,在预览框中可以直接看到图像处理后的效果。一般默认预览图像大小为 100%,也可以根据实际情况,利用预览图像下面的"＋"、"－"符号,对预览图像的大小进行调节。当需要在图像的预览框中预览图像的其他位置时,可以将鼠标放在图像上拖拉到想要的位置。

(4)对话框中的按钮一般情况下都显示有"确定"和"取消"按钮。当调整好各参数后,单击"确定"按钮即可执行滤镜命令。当对执行后的效果不满意想取消时,可以单击"取消"按钮。如果按下＜Alt＞键,则对话框中的"取消"按钮就会变成"复位"按钮,单击它可使对话框中的参数回到上一次设置的状态,如图9.5所示。

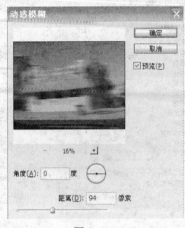

图 9.4   图 9.5

9.1.3 滤镜的使用规则

Photoshop CS5 提供了近百个滤镜,这些滤镜各有其特点,同时又具有以下相同的特点,用户必须遵守使用规则,才能准确有效地使用滤镜处理图像。

（1）滤镜只作用于当前图层或选区。如果没有选定区域,则对整个图像进行处理。如果只选中某一图层或某一通道,则只对当前的图层或通道起作用。

（2）要使用滤镜处理图层中的图像,则图层必须是可见的。

（3）滤镜的处理效果是以像素为单位进行计算的,因此,滤镜的处理效果与图像的分辨率有关。相同的参数处理不同分辨率的图像,效果也不同。

（4）在 Photoshop CS5 中,只有"云彩"滤镜可以应用在没有像素的透明区域,其他滤镜必须应用在包含像素的区域。

（5）RGB 颜色模式的图像可以使用全部的滤镜,部分滤镜不能用于 CMYK 模式的图像,索引模式和位图模式的图像不能使用滤镜。如果 CMYK 模式、索引模式和位图模式的图像需要应用一些特殊的滤镜,可以先将它们转换为 RGB 模式,再进行处理。

（6）当执行完一个滤镜命令后,"滤镜"菜单的第一行便会出现该滤镜的名称,单击它可以快速应用上一次使用的这一滤镜,也可使用＜Ctrl＞+＜F＞快捷键进行操作,但此时不会出现对话框对参数进行调整;如果想要打开上次应用的对话框,可按下＜Ctrl＞+＜Alt＞+＜F＞快捷键。

（7）当执行完一个滤镜命令后可以选择"编辑"→"渐隐"命令,打开"渐隐"对话框。在对话框中可以调整滤镜效果的不透明度和混合模式,将滤镜效果与原图像混合。

（8）可以将所有滤镜应用于8位图像。对于8位/通道的图像,可以通过"滤镜库"累积应用大多数滤镜。只有部分滤镜可以用于16位图像和32位图像。例如,高反差保留、最大值、最小值以及位移滤镜等。

（9）在执行滤镜过程中,如果想要终止操作,可以按下＜Esc＞键。

9.1.4　滤镜的使用技巧

使用一些技巧,能够更快捷和高效地使用滤镜。

(1) 如果要在应用滤镜时不破坏原图像,并且希望以后能够更改滤镜设置,可以选择"滤镜"→"转换为智能滤镜"命令,将要应用的图像内容创建为智能对象,然后再使用滤镜处理。

(2) 在对局部图像进行滤镜处理时,可以先为选区设定羽化值,然后再使用滤镜,处理区域便会与原图像自然衔接起来。

(3) 在处理像素量较大的图片时,执行滤镜效果会占用较大的内存,并可能有较长的等待时间。此时可以考虑先在一小部分图像上试验滤镜和设置,找到合适的设置后,再将滤镜应用于整个图像。应做好 Photoshop CS5 程序的系统优化,例如多分配程序可占用的系统资源,同时做好图层优化,减少不必要的图层,尽量采用 RGB 颜色模式。

(4) 可以尝试更改设置以提高占用大量内存的滤镜的速度,对于"染色玻璃"滤镜,可增大单元格大小;对于"木刻"滤镜,可增大"边简化度"或减小"边逼真度",或两者同时更改。

(5) 优先选择滤镜库来加载滤镜,它不但能提供很好的特效预览,还能方便地移动滤镜执行顺序,从而尝试出更多的效果。

9.1.5　使用智能滤镜

使用"转换为智能滤镜"命令可将普通图层转换为智能对象,在该状态下,添加的路径不会破坏图像的原始状态,添加的滤镜可以像添加的图层样式一样存储在"图层"面板中,并且可以重新将其调出以修改参数,如图 9.6 所示,这是执行"转换为智能滤镜"命令并添加滤镜后的图像和"图层"面板状态。

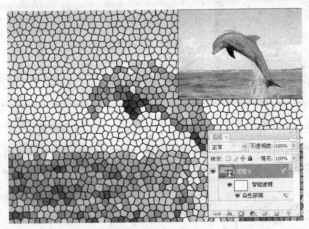

图9.6

修改智能滤镜效果:在滤镜效果名称上双击鼠标,打开对应的滤镜对话框,重新设定参数。

显示或隐藏智能滤镜:单击"智能滤镜"图层前的眼睛图标,可隐藏或显示添加的所有滤镜效果;单击单个滤镜前的眼睛图标,可隐藏或显示单个滤镜。

删除智能滤镜:拖动"智能滤镜"图层或是单个滤镜效果至"删除图层"图标 🗑 处,将添加的所有滤镜或是将选择的滤镜效果删除。

编辑滤镜混合选项:在"图层"面板中双击滤镜名称右侧的图标,打开"混合选项"对话框,可对滤镜的不透明度和混合模式进行设置。

9.2 特殊功能的滤镜

9.2.1 滤镜库

"滤镜库"是编辑和预览滤镜的一种工作模式。在"滤镜库"对话框中,可以同时预览应用多个滤镜的效果,并且可以打开或关闭滤镜效果、复位滤镜的选项以及更改应用滤镜的顺序。执行"滤镜"→"滤镜库"命令,打开"滤镜库"对话框,如图9.7所示。

A—预览　B—滤镜类别　C—所选滤镜的缩览图　D—显示/隐藏滤镜缩览图　E—滤镜下拉菜单　F—所选滤镜的选项　G—要应用或排列的滤镜效果的列表　H—已选中但尚未应用的滤镜效果　I—已累积应用但尚未选中的滤镜效果　J—隐藏的滤镜效果

图9.7

使用滤镜库的具体操作步骤如下:

(1) 执行下列操作之一:

A. 将滤镜应用于整个图层,必须确保该图层是现用图层或选中的图层。

B. 将滤镜应用于图层的一个区域,应选择该区域。

C. 应用滤镜时不造成破坏,以便以后能够更改滤镜设置,应选择包含要应用滤镜的图像内容的智能对象。

（2）选取"滤镜"→"滤镜库"。

（3）单击一个滤镜名称以添加第一个滤镜。单击滤镜类别旁边的倒三角形以查看完整的滤镜列表。添加滤镜后，该滤镜将出现在"滤镜库"对话框右下角的已应用滤镜列表中。

（4）为选定的滤镜输入值或选择选项。

（5）执行下列任一操作：

A. 累积应用滤镜，应单击"新建效果图层"图标 ，并选取要应用的另一个滤镜。重复此过程以添加其他滤镜。

B. 重新排列应用的滤镜，将滤镜拖动到"滤镜库"对话框右下角的已应用滤镜列表中的新位置。

C. 删除应用的滤镜，应在已应用滤镜列表中选择滤镜，然后单击"删除图层"图标 。

（6）如果对结果满意，单击"确定"按钮。

滤镜效果是按照它们的选择顺序应用的。在应用滤镜之后，可通过在已应用的滤镜列表中将滤镜名称拖动到另一个位置来重新排列它们。重新排列滤镜效果可显著改变图像的外观。单击滤镜旁边的眼睛图标 ，可在预览图像中隐藏效果。此外，还可以通过选择滤镜并单击"删除图层"图标 来删除已应用的滤镜。

9.2.2　图案生成器

使用"图案生成器"滤镜可将选定的图像重新组合以生成图案。执行"滤镜"→"图案生成器"命令，打开"图案生成器"对话框。该命令采用两种方式工作，一种是使用图案填充图层或选区，图案可由一个大拼贴或多个重复的拼贴组成；另一种是创建可存储为图案预设并用于其他图像的拼贴。使用方法如下：

（1）先在图像上做选区，然后单击"生成"按钮，如图 9.8 所示。

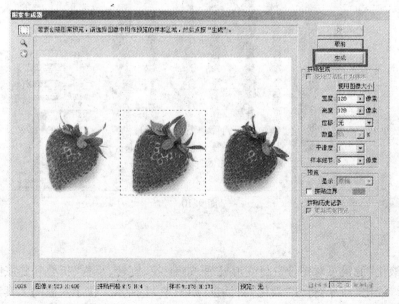

图 9.8

（2）将当前图案保存到预设中，供以后填充用，如图9.9所示。

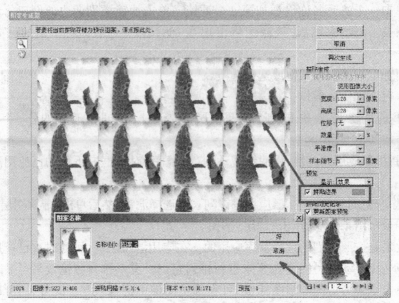

图9.9

（3）在预览区的"显示"下拉列表框中选择"原稿"，可以回到原图像，重新做选区，然后单击"再次生成"按钮。选中"更新图案预览"复选框，可以预览多次生成的图案，如图9.10所示。

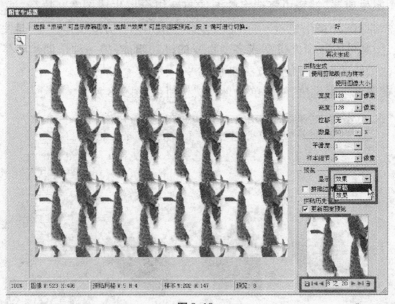

图9.10

9.2.3 液化

使用"液化"滤镜可对图像进行变形处理，如推、拉、旋转、反射、折叠和膨胀图像的任意区域。执行"液化"命令，打开"液化"对话框，如图9.11所示。位于左侧的工具集中了全部的变形工具，使用这些工具在图像中单击或拖动，可实现变形操作。

需要注意的是,该滤镜命令不能应用于索引、位图或多通道颜色模式的图像文件中。

图 9.11

"液化"滤镜的主要工具有以下几种:

(1) 变形工具:可以在图像上拖拽像素产生变形效果,如图 9.12 所示。

(2) 重建工具:对变形的图像进行完全或部分的恢复。

(3) 湍流工具:可平滑地移动像素,产生各种特殊效果,如图 9.13 所示。

图 9.12

图 9.13

(4) 顺时针旋转扭曲工具:当按住鼠标按钮或来回拖拽时顺时针旋转像素,如图 9.14

图 9.14

图 9.15

所示。

（5）逆时针旋转扭曲工具：当按住鼠标按钮或来回拖拽时逆时针旋转像素，如图 9.15
所示。

（6）褶皱工具：当按住鼠标按钮或来回拖拽时像素靠近画笔区域的中心，如图 9.16
所示。

（7）膨胀工具：当按住鼠标按钮或来回拖拽时像素远离画笔区域的中心，如图 9.17
所示。

图 9.16　　　　　　　　　　　　　　图 9.17

（8）移动像素工具：移动与鼠标拖动方向垂直的像素，如图 9.18 所示。

（9）对称工具：将范围内的像素进行对称拷贝，如图 9.19 所示。

图 9.18　　　　　　　　　　　　　　图 9.19

（10）冻结工具：使用此工具可以绘制不会被扭曲的区域。

（11）解冻工具：使用此工具可以使冻结的区域解冻。

（12）缩放工具：放大或缩小图像。

（13）抓手工具：当图像无法完整显示时，可以使用此工具对其进行移动操作。

9.2.4　抽出

使用"抽出"滤镜可以将选定的前景对象从背景中剥离出来，并抹除背景。对于一些轮廓
复杂或背景内容复杂的对象，也无须太多的操作就可以将其从背景中取出。执行"滤镜"→
"抽出"命令，打开"抽出"对话框。使用"边缘高光器"工具在要抽取的图像边缘绘制，将图像
封闭，然后使用"填充工具"在封闭图像内容上单击，使用蓝色将其填充，如图 9.20 所示。

图 9.20

提示：在描边图像时，应适当将画面设置得小一些，以减少生成后对象的杂边现象。

单击"预览"按钮，可查看抽出后的效果，确认无误后单击"确定"按钮，完成抽出操作，如图 9.21 所示，这是抽出图像的前后对比效果。

图 9.21

9.2.5　消失点

使用"消失点"滤镜命令可编辑制作带有透视效果的图像。执行"滤镜"→"消失点"命令,打开"消失点"对话框,如图9.22所示。在对话框中包含了"定义透视平面工具"、"编辑图像工具"、"测量工具"和"图像预览"。消失点工具的工作方式与 Photoshop CS5 主工具箱中的对应工具十分类似,可以使用相同的快捷键来设置工具选项。使用"创建平面工具"在视图中依据要扩展的透视方法绘制平面,然后使用"图章工具"等编辑工具复制图像,将图像延伸。

图 9.22

具体操作方法如下:

(1)用"创建平面工具"绘制透视网格。

(2)新建图层,复制图像,重新调出"消失点"对话框,粘贴图像,利用"矩形选框工具"拖动图像到透视网格中。

(3)选择"变换工具",调整图像到合适位置。

处理前后效果如图9.23所示。

图 9.23

9.2.6　镜头校正

"镜头校正"滤镜可修复常见的镜头瑕疵,如桶形和枕形失真、晕影和色差。使用该滤镜还可以旋转图像,或修复由于相机垂直或水平倾斜而导致的图像透视错误现象。

打开素材文件夹中的素材图片,图片中的建筑明显倾斜,用"镜头校正"功能可以轻松地校正过来。具体操作步骤如下：

（1）复制图层，关闭"背景"图层，原图如图 9.24 所示。

图 9.24

（2）执行"滤镜"→"镜头校正"命令。

（3）打开"镜头校正"对话框，选择"自定"，勾选"显示网格"复选框，如图 9.25 所示。

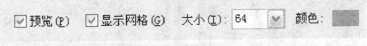

图 9.25

（4）用"移去扭曲工具"向中心拖动，或将几何扭曲按钮向左拉动，会使建筑出现桶状变形。如果原图有枕头状变形，可以用它来校正；反之，向右拉动按钮可以用来校正桶状变形。

（5）设置垂直透视的参数为"－48"，将倾斜的建筑拉直，效果如图 9.26 所示。

图 9.26

（6）拉直后图形在画面中的比例有改变,建筑顶端超出了画面,将比例缩小为"80%"。缩小后的效果如图 9.27 所示。

图 9.27

（7）裁切缩小后的图层,达到更近似于原图的画面,修正后的效果如图 9.28 所示。

图 9.28

9.3 应用滤镜

9.3.1 木纹

要设置木纹效果,主要操作步骤如下:

(1)新建一个宽 500 像素,高 300 像素,分辨率 72 像素/英寸,RGB 颜色模式的文档。设置前景色和背景色为"淡暖褐"和"深黑暖褐",这两种颜色在色板里能找到。执行"滤镜"→"渲染"→"云彩",效果如图 9.29 所示。

(2)执行"滤镜"→"杂色"→"添加杂色"命令,数量为"20%","高斯分布",勾选"单色",效果如图 9.30 所示。

图 9.29

图 9.30

(3)执行"滤镜"→"模糊"→"动感模糊",角度为"0"度,距离为"999"像素。

(4)使用"矩形选框工具",在任意处拖出横长形的选区。执行"滤镜"→"扭曲"→"旋转扭曲"命令,角度为"默认"角度。接下来多次重复框选部位,每框选一个部位,按 < Ctrl > + < F > 键,执行上次的扭曲滤镜,效果如图 9.31 所示。

(5)执行"图像"→"调整"→"亮度/对比度"命令。将亮度值设置为"90",对比度值设置为"20"。接着使用"加深工具"或"减淡工具",属性栏中设置"中间调",曝光度为"7%",在木纹较复杂的位置反复涂抹,直至满意,最终效果如图 9.32 所示。

图 9.31　　　　　　　　　　　　　　图 9.32

9.3.2　牛皮纸

要设置牛皮纸效果,主要操作步骤如下:

(1) 打开一张纹理图片,保存纹理图为"纹理图.psd",如图 9.33 所示。

图 9.33　　　　　　　　　　　　　　图 9.34

(2) 新建文档,设置宽为 550 像素,高为 400 像素,分辨率为 300 像素/英寸。

(3) 设置前景色为 R:206,G:205,B:160,背景色为 R:170,G:156,B:100。

(4) 执行"滤镜"→"渲染"→"云彩"命令,效果如图 9-34 所示。

(5) 执行"滤镜"→"纹理"→"纹理化"命令,点击"载入纹理",如图 9.35 所示,选择第

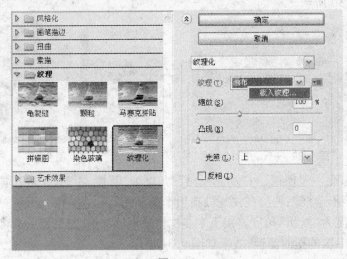

图 9.35

一步保存的"纹理图.psd"。

（6）根据实际情况设置缩放和凸显的参数，缩放的数值越大纹理越大，凸显的数值越大纹理越明显，最终效果如图9.36所示。

图9.36

9.4 滤镜的应用

9.4.1 卷发

具体操作步骤如下：

（1）打开素材文件夹中的图片，如图9.37所示。

（2）执行"滤镜"→"液化"命令。

（3）选用"向前变形工具"，画笔大小为"25"，画笔密度为"48"，画笔压力为"57"。

（4）在头发上按下不放，往左、往右、往下或者往上移动，使直发变弯曲，最终效果如图9.38所示。

图9.37

图9.38

9.4.2 细腰

具体操作步骤如下：

（1）打开素材文件夹中的图片。

（2）使用工具箱中的"套索工具"选取人物的腰部区域，可多选取一些。

（3）执行菜单栏中的"滤镜"→"扭曲"→"挤压"命令，打开"挤压"滤镜对话框，如图9.39所示。

（4）挤压滤镜的作用就是挤压选区，其正值最大值是100%，将选区向中心移动；负值最大值是 −100%，将选区向外移动。在这里可以适当地将"数量"参数值调得大一些，可以看到人物的腰部在逐渐变瘦。

处理前后的效果如图 9.40 所示。

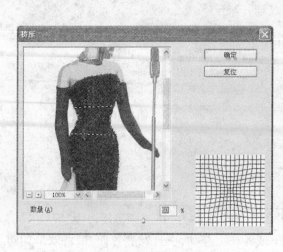

图 9.39   图 9.40

9.4.3 为照片背景制作雾效果

具体操作步骤如下：

（1）打开一幅图片，如图 9.41 所示。

图 9.41   图 9.42

（2）新建图层 2"雾层"，按 < D > 键将前景色与背景色恢复为默认值，执行"滤镜"→
"渲染"→"云彩"命令，效果如图 9.42 所示。

（3）将"混合模式"改为"滤色"。

（4）为"雾层"添加图层蒙版，对图片中不需要起雾的地方使用蒙版进行修饰，如图
9.43 所示。

（5）最后调整一下"雾层"的亮度，最终效果如图 9.44 所示。

图 9.43　　　　　　　　　　　　　　　图 9.44

9.4.4　下雪效果

具体操作步骤如下：

（1）打开素材文件夹中的图片，如图 9.45 所示。

（2）将"背景"层复制为"背景 副本"层。

（3）点击"背景 副本"，执行"滤镜"→"像素化"→"点状化"命令。

（4）设置"点状化"对话框中单元格大小值为"5"，效果如图 9.46 所示。

图 9.45　　　　　　　　　　　　　　　图 9.46

（5）执行"图像"→"调整"→"阈值"命令，设置阈值色阶参数为 255，如图 9.47 所示。

（6）设置图层混合模式为"滤色"，效果如图 9.48 所示。

（7）执行"滤镜"→"模糊"→"动感模糊"命令，设置角度为"45"度，距离为"12"像素，最终效果如图 9.49 所示。

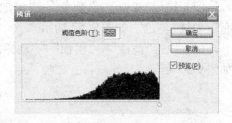

图 9.47

图 9.48   图 9.49

9.4.5　下雨效果

具体操作步骤如下：

（1）打开素材文件夹中的图片，如图 9.50 所示。

（2）按 < D > 键将前景色与背景色恢复为默认值。新建一个空白图层，执行"滤镜"→"渲染"→"云彩"命令，按 < Ctrl > + < F > 键，重复执行云彩滤镜，重复大约 10 次后，效果如图 9.51 所示。

图 9.50   图 9.51

（3）执行"滤镜"→"杂色"→"添加杂色"命令，设置总量为"400%"，分布为"高斯分布"，勾选"单色"，如图 9.52 所示。

（4）执行"滤镜"→"模糊"→"动感模糊"命令，设置角度为"60"度，距离为"20"像素，如图 9.53 所示。

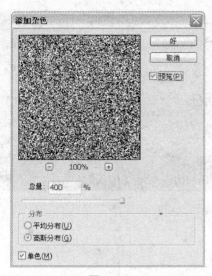

图9.52

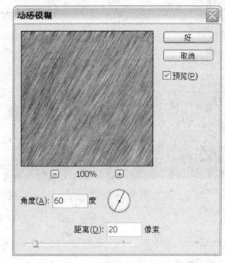

图9.53

（5）执行"图像"→"调整"→"色阶"命令，如图9.54所示。雨丝的密集程度可以由"色阶"命令进行调节。

（6）在"图层"面板中将图层的混合模式设置为"滤色"，效果如图9.55所示。

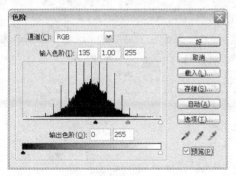

图9.54

图9.55

（7）在"图层"面板中选择"背景"图层，执行"图像"→"调整"→"色相/饱和度"命令，设置明度为"－15"。

（8）执行"滤镜"→"模糊"→"高斯模糊"命令，设置模糊半径为"1"像素。

（9）在工具箱中选择"套索工具"，选取天空图像区域，效果如图9.56所示。

（10）对选区进行羽化，参数为"50"像素，然后执行"图像"→"调整"→"色相/饱和度"命令，设置明度为"－60"。

（11）在工具箱中选择"矩形选框工具"，选择远景图像区域，效果如图9.57所示。

（12）对选区进行羽化，参数为"20"像素，然后执行"滤镜"→"模糊"→"高斯模糊"命令，设置模糊半径为"3"像素。

（13）执行"图像"→"调整"→"亮度/对比度"命令，设置亮度为"30"，对比度为"30"。

图 9.56

图 9.57

 习　题

一、单选题

1. 如果扫描的图像不够清晰,可用(　　)滤镜弥补。

A. 噪音　　　　　　　B. 风格化　　　　　　C. 锐化　　　　　　D. 扭曲

2. 当图像是(　　)模式时,所有的滤镜都不可以使用(假设图像是 8 位/通道)。

A. CMYK　　　　　　B. 灰度　　　　　　　C. 多通道　　　　　D. 索引颜色

3. (　　)滤镜只对 RGB 颜色模式的图像起作用。

A. 马赛克　　　　　　B. 光照效果　　　　　C. 波纹　　　　　　D. 浮雕效果

4. 如果正在处理一幅图像,(　　)会导致一些滤镜不可选。

A. 关闭虚拟内存

B. 检查在预置中增效文件夹搜寻路径

C. 删除 Photoshop CS5 的预置文件,然后重设

D. 确认软插件在正确的文件夹中

二、多选题

1. 当要对文字图层执行滤镜效果时,首先应当(　　)。

A. 选择"图层"→"栅格化"→"文字"命令

B. 直接在"滤镜"菜单下选择一个滤镜命令

C. 确认文字图层和其他图层没有链接

D. 使得这些文字变成选择状态,然后在"滤镜"菜单下选择一个滤镜命令

2. 下列(　　)滤镜可用于 16 位图像。

A. 高斯模糊　　　　　B. 水彩　　　　　　　C. 马赛克　　　　　D. USM 锐化

三、填空题

1. 重复使用上一次用过的滤镜应按_____键。打开上一次执行滤镜命令的对话框的快捷键是_____键。

2. "云彩"滤镜是使用介于前景色与背景色之间的_____,生成柔和的云彩图案。

四、操作题

1. 使用"抽出"滤镜处理图片。

原图　　　　　　　　　效果图

图 9.58

2. 使用"图案生成器"滤镜制作特效。

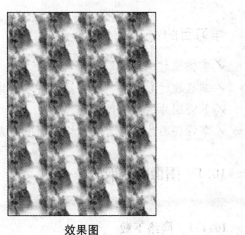

原图　　　　　　　　　　　效果图

图 9.59

第 10 章　图像的获取和输出

本章重点

　　本章介绍了图像素材的常用获取和输出方法。获取适合的素材是图像处理的第一步,也是学习平面处理的基础;图像的输出是将处理好的图像打印输出或者保存为各种格式的图像文件用于其他用途,本章是学习 photoshop CS5 的重要环节。

学习目的:

✓ 掌握通过网络获取图片素材的方法
✓ 掌握通过数码相机或扫描仪获取图片素材的方法
✓ 掌握图片的打印设置内容
✓ 掌握将图片保存为其他格式输出的方法

10.1　图像的获取

10.1.1　网络下载

　　网络上有着丰富的图像素材,从网络上下载图片是我们最常用的方法,较大的图片素材库,如百度图片 http://image.baidu.com、中新网的图片频道 http://photo.chinanews.com、中国最大的创意图片库全景网 http://www.quanjing.com 等。下载图片时要在搜索引擎中输入相关关键字,例如在全景网中下载有关"日出"图片,可先登录全景网,再在搜索引擎中输入"日出",按回车键,如图 10.1 所示。从页面上即可显示搜索的结果,首先看到的是缩略图,点击缩略图将打开一张大图。鼠标移动到图片上,右击选择"图片另存为",将图片保存在本地电脑上。

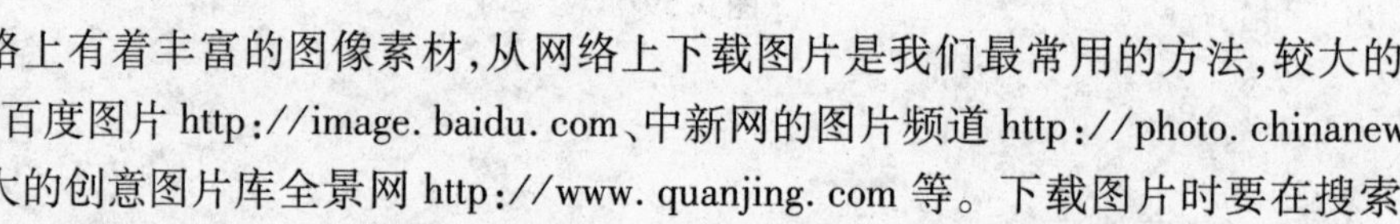

QUANJING全景
中国最大的创意图片库

| 创意专区 | 媒体专区 | 影视素材 | 特价图片 | 摄影师 | 商业摄影 | 用户指南 | 我的全景 |

日出　　　　　　　　　　　▶搜索　　高级搜索 | 分类图片 | 热门图片 | 最新图片
◉新搜索 ○在结果中搜索
共 43454 张图片

图 10.1

10.1.2　用数码相机摄取

某些数码相机使用"Windows 图像采集"（WIA）支持来导入图像。使用 WIA，Photoshop CS5 将与 Windows 及数码相机软件配合工作，从而将图像直接导入到 Photoshop CS5 中。随着数码相机的普及，这已经成为一种获取数字化图像的常用方法。

启动 Photoshop CS5，单击"文件"→"导入"→"WIA 支持"命令，然后在计算机上选取存储图像文件的目标位置。注意要选中"在 Photoshop 中打开已获取的图像"复选框。但是，如果要导入大量图像，或者想在以后编辑图像，则取消选择该复选框。单击"开始"按钮，然后选择要导入图像的数码相机。如果相机的名称未显示，可验证软件和驱动程序是否已正确安装，以及该相机是否已连接。选取要导入的图像，并单击"获取图片"按钮，即可导入图像。

用户可先将图像从数码相机拷贝到硬盘中，然后在 Photoshop CS5 中进行编辑。如果使用介质卡读取器，或者连接的相机以驱动器的形式出现在计算机中，则可以使用 Adobe Bridge 将文件移动到目标文件夹中。

10.1.3　用扫描仪将普通图像转化为数字化格式

扫描仪可以将需要的照片和图像资料扫描后输入计算机，使用扫描仪与使用数码相机很相似，在正确安装扫描仪后，打开 Photoshop CS5，单击"文件"→"导入"→"WIA 支持"命令，在弹出的对话框中，选择一个目标位置来存储图像文件，单击"开始"按钮，然后选择要使用的扫描仪，并确定要扫描的图像种类，然后单击"扫描"按钮，系统将以 BMP 格式存储扫描的图像。

在操作过程中需注意，要确保已选中"在 Photoshop 中打开已获取的图像"复选框，这样扫描后的图像会出现在 Photoshop CS5 图像窗口中。如果要导入大量图像，或者想在以后编辑图像，则取消选择该复选框。

10.1.4　用抓图软件

运用截图软件 Hyper Snap – DX 从计算机屏幕上直接截取需要的图片；还可截取电影上的图像，如用计算机看 VCD、DVD 时，发现某些图像与制作的课件主题相符，可以使用多媒体播放软件将画面截取下来。

10.1.5　使用置入命令

使用"文件"→"置入"命令，可以将 EPS 和 PDF 等格式的图像导入到 Photoshop CS5 的当前图像上。

使用"置入"命令之前，必须首先打开一幅图像，然后执行"文件"→"置入"命令，选择一幅图像，使之置入到原来的图像中。Photoshop CS5 目前支持置入的图像格式有 AI、EPS、PDF 和 PDP 四种。导入之后，Photoshop CS5 会在当前图像窗口中显示出一个带有对角线的矩形来表示置入图像的大小和位置，通过矩形边框可以调整图像的大小。

10.2　图像的打印

如果电脑配有打印机,用户还需要对打印选项进行合理的设置,打印机才会按照用户的要求打印图像。Photoshop CS5 提供了预览功能,这为用户了解与设置各种专业的打印和印刷选项提供了极大的方便。

10.2.1　打印对话框

在 Photoshop CS5 工作界面中单击"文件"→"打印"命令,将弹出"打印"对话框,如图 10.2 所示,其中左边部分显示了打印的缩略图,20.99 厘米 × 29.67 厘米指的是纸张的大小;右边显示了默认打印机的名称、位置、缩放尺寸、色彩管理等属性。

图 10.2

打印机:默认状况下,Photoshop CS5 会将图像打印到桌面打印机(如喷墨打印机、染色升华打印机或激光打印机),而不会打印到照排机。Photoshop CS5 允许选择打印机控制图像的打印方式。

位置:勾选"图像居中"复选框,则图像会以"满纸"形式打印,如果希望打印时纸张留边,先取消选中"图像居中"复选框,然后设置纸张"顶"和"左"的距离。

缩放以适合介质:如果图像太大不能完全显示出来,选中"缩放以适合介质"复选框,图像会以适合纸张的大小完全显示,或者也可以在预览图上拖动鼠标手动调整大小,手动调整时要先取消选中"图像居中"和"缩放以适合介质"两个复选框。

色彩管理:选择"色彩管理"选项,可以指定 Photoshop CS5 处理传出图像数据的方式,使打印机所打印的颜色与在显示器上看到的一致,"色彩管理"选项取决于用户所选择的输出设备。

10.2.2　设置打印机

点击"打印"对话框中的 打印设置... ,将打开打印机属性对话框,如图 10.3 所示。

图 10.3

该对话框可以设置打印机和打印作业选项,例如,根据需要设置纸张大小、来源和页面方向。可用的选项取决于用户的打印机、打印机驱动程序和操作系统。

10.3　发布为其他格式

各种图形文件格式的不同之处在于表示图像数据的方式(作为像素还是矢量),并且都支持不同的压缩方法和 Photoshop CS5 功能。要保留所有 Photoshop CS5 功能(图层、效果、蒙版等),须以 Photoshop(PSD)格式存储图像的备份。

大型文档格式有:PSB、Cineon、DICOM、IFF、JPEG、JPEG 2000、Photoshop (PSD)、Photoshop Raw、PNG、便携位图和 TIFF。

与大多数文件格式一样,PSD 只能支持最大为 2 GB 的文件。对于大于 2 GB 的文件,以大型文档格式 (PSB)、Photoshop Raw(仅限拼合图像)、TIFF(最大为 4 GB)或 DICOM 格式存储。

用于存储图像的命令有以下几种:

1. 存储

保存文件时只要选择"文件"→"存储"命令(对应的快捷键是 < Ctrl > + < S >)即可。

该命令将会把编辑过的文件以原路径、原文件名、原文件格式存入磁盘中,并覆盖原始的文件。用户在使用"存储"命令时要特别小心,否则可能会丢掉原文件。如果是第一次保存,则相当于执行"存储为"命令,会弹出"存储为"对话框,只要给出文件名即可。

2. 存储为

选择"文件"→"存储为"命令(对应的快捷键是 < Shift > + < Ctrl > + < S >),即可打开相应的对话框。在该对话框中,可以将修改过的文件重新命名、改变路径、改换格式,然后再保存,此操作不会覆盖原始文件。

3. 保存为 Web 所用格式

选择"文件"→"保存为 Web 所用格式"命令(对应的快捷键是 < Alt > + < Shift > + < Ctrl > + < S >),可以通过对选项的设置优化网页图像,将图像保存为适合于网页上用的格式。

4. 使用导出命令

选择"窗口"→"导出"命令,可以将在 Photoshop CS5 中创建的图像保存为其他应用程序(例如 Adobe Illustrator)所使用的文件格式,也可以直接选择输出文件所保存的一个路径。

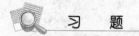 习　题

一、填空题

1. 添加打印机实际上就是安装打印机的_____。

2. 单击_____命令,可以在弹出的对话框中设置打印页面。

二、思考题

1. 如何添加打印机?

2. 如何设置打印选项?

第 11 章　动作、自动化与脚本

本章重点

　　Photoshop CS5 的强大功能不仅仅体现在可以完美地表现优秀作品,同时还提供了一些自动化的命令,大大提高了工作效率,避免了过多的重复工作。本章主要介绍动作以及自动化命令。

学习目的:

✓ 了解"动作"面板
✓ 掌握创建动作、编辑、存储、载入动作的方法
✓ 掌握批量处理图像的方法
✓ 掌握裁剪并修齐照片技术
✓ 掌握 Photomerge 合并图像技术
✓ 掌握多张图像合并到 HDR 技术

11.1　动作

　　Photoshop CS5 的"动作"是用一个动作代替了许多步的操作,使执行任务自动化,这为设计者在进行图像处理的操作上带来很多方便。同时用户还可以通过记录并保存一系列的操作来创建和使用动作,以方便日后可直接从"动作"面板中调出运用。批量转换格式就是先将转换一个图片格式的过程利用"动作"面板记录下来,然后再利用其批量处理的功能简化操作。

11.1.1　"动作"面板

　　下面是对 Photoshop CS5"动作"面板的详细介绍。执行"窗口"→"动作"命令,调出"动作"面板,也可以按下键盘的 < Alt > + < F9 >组合键调出"动作"面板,如图 11.1 所示。
　　动作组:类似文件夹,用来组织一个或多个动作。
　　动作:一般会起比较容易记忆的名字,点击名字左侧的小三角可展开该动作。
　　动作步骤:动作中每一个单独的操作步骤,展开后会出现相应的参数细节。
　　复选标记:黑色对勾代表该组、动作或步骤可用。而红色对勾代表不可用。

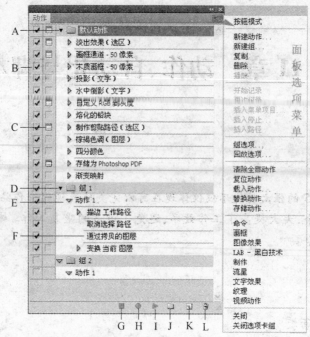

A—默认动作集　B—复选标记　C—动作模式控制图标　D—动作组　E—动作
F—动作步骤　G—停止　H—记录　I—播放　J—创建新组　K—创建新动作　L—删除

图 11.1

动画模式控制图标:控制某个动作步骤是否会打开一个对话框,如为黑色,那么在每个
启动的对话框或者对应一个按回车键选择的步骤中都包括一个暂停。如为红色,代表这里
至少有一个暂停等待输入的步骤。

面板选项菜单:包含与动作相关的多个菜单项,提供更丰富的设置内容。

默认动作集:在"动作"面板中有 Photoshop CS5 安装时自带的动作集,我们可以直接应
用这些动作到图形上快速地达到效果复制。

停止:单击后停止记录或播放。

记录:单击即可开始记录,红色凹陷状态表示记录正在进行中。

播放:单击即可运行选中的动作。

创建新组:单击创建一个新组,用来组织单个或多个动作。

创建新动作:单击创建一个新动作的名称、快捷键等,并且同样具有录制功能。

删除:删除动作或组。

11.1.2　创建新动作

当点击"动作"面板上的"创建新动作"按钮
时,会弹出一个"新建动作"对话框,如图 11.2
所示。

名称:系统给出的名称是"动作 1",之后如
果再建新动作,名称依次是"动作 2"、"动作 3"

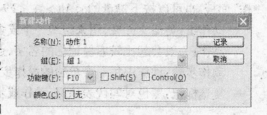

图 11.2

等,用户可以根据情况修改一个适合的名称。

组:如果存在多个组,可以进行选择新动作属于的组别,这里表示新建的动作是属于动作组 1。

功能键:这里设置了功能键 < F10 > ,当动作创建完毕后,按 < F10 > 键等同于按"播放"按钮。

颜色:可以为所创建的动作设置一个颜色标签。

设置完"新建动作"相关选项,点击"记录"按钮后,"动作"面板下方的红色"记录"按钮就会按下,这时会将每一步动作操作都记录下来,如图 11.3 所示。

图 11.3

11.1.3 播放动作

在"动作 1"录制过程中,点击"停止"按钮表示"动作 1"录制完毕,之后点击"播放"按钮,将会将"动作 1"当中的每一个动作步骤依次执行一遍,如图 11.4 所示。

11.1.4 编辑和重新记录动作

对已经录制好的动作,如果发现当中有些步骤不满意,可以对动作进行再次编辑或重新记录。方法有多种,包括在执行动作中重新输入参数,将该部分动作删除重新录制,将动作步骤的前后顺序调换等。

图 11.4

修改参数:选中要修改的动作步骤,例如,要修改"描边工作路径"这一步骤,可先将其选中,如图 11.5 所示,这时系统会回到当时进行描边时的状态。直接修改相应参数,比如重新选择描边画笔的前景色、笔头大小等。

删除步骤:选中要删除的步骤,按下鼠标右键拖到"动作"面板下方的"删除"按钮处松开。

重新录制:这里的重新录制不是对动作的所有步骤重新录制,而只是对某个步骤重新录制。选定需要重新录制的上一个步骤,这样表示从这个步骤开始往下录制。点击"录制"按钮,开始录制。

图 11.5

改变动作次序:选中要改变次序的步骤,按下鼠标右键将其拖到目标位置松开。

动作不被执行:如果希望动作中的某个步骤不被执行,则将该动作步骤前的复选标记取消。

11.1.5　复制与删除动作

点击"动作"面板右上角的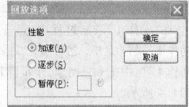，在展开的选项菜单中找到"复制"、"删除"，如图 11.6 所示。

复制:等同于在"动作"面板上拖动一个动作到"创建新动作"图标上,这样将创建一个动作副本。

删除:等同于在"动作"面板上拖动一个动作到"删除"图标上,这样将删除一个动作。

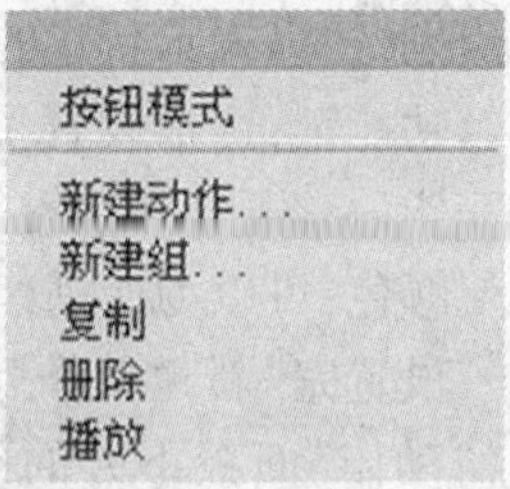

图 11.6

11.1.6　指定回放速度

点击"动作"面板右上角的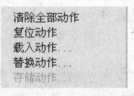，在展开的选项菜单中选择"回放选项",打开"回放选项"对话框,如图 11.7 所示。

长而复杂的动作有时不能正确播放,却难以断定问题发生在何处。"回放选项"命令提供了播放动作的"加速"、"逐步"、"暂停"(可设定暂停时间)三种性能,这样用户可以看到每一条命令的执行情况。当处理包含语音注释的动作时,可以指定在播放语音注释时动作是否暂停。

图 11.7

11.1.7　存储、载入和复位动作

点击"动作"面板右上角的，在展开的选项菜单中找到"存储动作"、"载入动作"和"复位动作",如图 11.8 所示。

1. 存储动作

用户创建的动作可以保存下来以便今后调用,动作文件的扩展名为".atn"。存储动作的步骤如下:

图 11.8

(1) 选中动作组,注意是动作组而不是动作,动作以动作组的形式保存,如果选中单个动作,那么"存储动作"命令将是灰色不可使用。

(2) 为动作组键入一个名称,选取适当的存储位置,可以将该组存储在任何位置。如果将该文件放置在 Photoshop CS5 程序文件夹内的 Presets/Photoshop Actions 文件夹中,则在重新启动 Photoshop CS5 应用程序后,该组将显示在"动作"面板菜单的底部。

2. 载入动作

当清除了"动作"面板中的动作或重装 Photoshop CS5 后,我们可以用"载入动作"命令找到自己保存的动作文件,再正常使用。所以,自己录制了一个好的动作,就可以把它输出为动作文件保存下来以备以后使用,现在网络上有很多 Photoshop 的"动作"文件,我们也可以下载下来,只要是".atn"文件,就可以用"载入动作"命令载入使用。

3. 复位动作

我们清除了"动作"面板上的全部动作之后,可以通过"复位动作"命令将默认动作重新载入,有"替换"和"追加"两种模式,默认动作存储在 Required 文件夹里。

11.1.8　在动作中插入不可记录的命令

点击"动作"面板右上角的 ▤ ,在展开的选项菜单中找到"插入菜单项目"。

Photoshop CS5 中有些操作是无法录入动作的,例如缩放窗口、使用一种画笔、用"钢笔工具"或"矩形工具"建立一个路径。当试图将这些操作录入动作时,可以发现动作组中并未记入这些。但是,有时候我们在用一个动作处理图像时,需要有这些操作,该怎样实现呢?

使用"插入菜单项目"命令可以将许多不可记录的命令插入到动作中。在记录动作时或动作记录完毕后可以插入命令。插入的命令直到播放动作时才执行,因此插入命令时文件保持不变。命令的任何值都不记录在动作中。如果命令有对话框,在播放期间将显示该对话框,并且暂停动作,直到点击"确定"或"取消"为止。

注:在使用"插入菜单项目"命令插入一个打开对话框的命令时,不能在"动作"面板中停用模态控制(即不能关闭对话框切换开关)。

将插入菜单项目插入动作中的方法如下:

(1) 选取插入菜单项目的位置:先选择一个动作名称,在该动作的最后插入项目。

(2) 选择一个命令,在该命令的最后插入项目。

(3) 从"动作"面板菜单中选取"插入菜单项目"。

(4)"插入菜单项目"对话框打开后,从它的菜单中选取一个命令。

(5) 点击"确定"按钮。

11.1.9　在动作中插入路径

我们在用"路径工具"绘制路径或从 Adobe Illustrator 粘贴路径时,即使处在动作录制状态下,绘制路径的操作也不会被记录下来。但是动作中可以插入一条已经绘制好的路径,当动作播放时,动作会自动生成所绘制的路径,并可以被选择、描边或填充。

注:播放插入复杂路径的动作可能需要大量的内存。如果遇到问题,请增加 Photoshop CS5 的可用内存量。

插入路径的方法如下:

(1) 按下"动作录制"按钮。

(2) 选择一个动作的名称或命令名称,在该动作或命令的最后记录路径。

(3) 新建路径或从"路径"面板中选择现有的路径。

(4) 从"动作"面板菜单中选取"插入路径"。

注:如果在单个动作中记录多个"插入路径"命令,则每一个路径都将替换目标文件中的前一个路径。若要添加多个路径,请在记录每个"插入路径"命令之后,使用"路径"面板记录"存储路径"命令。

实例 1:使用动作

具体操作步骤如下:

(1) 新建文档,将大小设为宽为 1024 像素,高为 768 像素,分辨率为 72 像素/英尺,RGB 颜色模式,然后新建"图层 1"。

(2) 在工具箱中选中"钢笔工具" ✐ ,然后在工具属性栏中单击"路径"按钮 ▨ 。在画布上绘制出如图 11.9 所示的形状。

（3）单击"路径"面板，选择工作路径，设置前景色为 R:35，G:140，B:240，用前景色填充路径。

（4）打开"动作"面板，然后在面板底部单击"创建新组"按钮，如图 11.10 所示。

（5）此时将打开"新建组"对话框，在其中可以修改"名称"，单击"确定"按钮，如图 11.11 所示。

（6）单击"动作"面板上的"创建新动作"按钮，在打开"新建动作"对话框中修改"名称"为"flower"，选择存储动作的组为"组 1"，并为该动作确定"功能键"为"F10"，如图 11.12 所示。

图 11.9

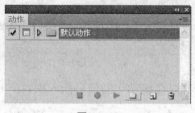

图 11.10

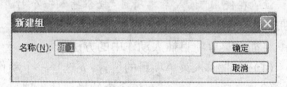

图 11.11

（7）单击"记录"按钮，此时将创建一个"动作"并进入录制状态，如图 11.13 所示。

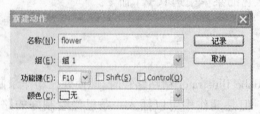

图 11.12

图 11.13

（8）点击"路径"面板，单击"用前景色填充路径"图标，如图 11.14 所示。

图 11.14

（9）按 <Ctrl> + <T> 进入自由变形模式，然后在工具属性栏中设置旋转角度为 15 度，按下 <Enter> 键确认，如图 11.15 所示。

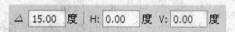

图 11.15

（10）按 <Ctrl> + <J> 复制"图层 1"，如图 11.16 所示。

图 11.16

图 11.17

（11）单击"动作"面板中"停止"按钮 ，结束动作的录制，如图 11.17 所示。

（12）选中动作"flower"，单击"播放"按钮 ，运行完成后路径发生旋转，并增加新的图层。反复按下该按钮（也可以按下上面指定的功能键＜F10＞），将得到如图 11.18 所示的图形。

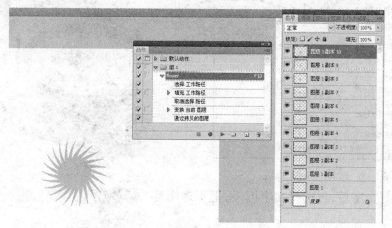

图 11.18

（13）用户可以画一条其他形状的路径，通过设置动作，得到如图 11.19 所示的曲线图。

11.2 自动命令

Photoshop CS5 中的自动命令包括"批处理"、"合并到 HDR"、"裁剪并修齐照片"等，利用这些功能可以避免大量的重复劳动，从而提高工作效率。

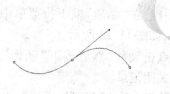

图 11.19

11.2.1 批处理

Photoshop CS5 不仅是一个功能强大的图像设计、制作工具，同时也是一个具有强大图像处理功能的工具。如果有成百上千的图像需要处理，而对这些图像的处理过程又基本一致，我们就可以用 Photoshop CS5 内建的"批处理"命令，高效、准确地处理一系列重复工作。

当对文件进行批处理时，先打开一张图片，创建新动作，动作录制完毕后再执行"文件"→"自动"→"批处理"命令，对其他图片进行一次到位的批处理。准备工作如下：把所有待处理的图片放到一个文件夹里，新建一个文件夹用来放置处理过的图片。

实例2：批处理图片

首先，录制用户动作。具体操作步骤如下：

（1）打开素材图片"dz1.jpg"，打开"动作"面板，创建新动作。

（2）给新动作起名为"ps 批处理"，然后点击"记录"。

（3）执行"图像"→"图像大小"命令，选择"约束比例"项，把宽度定为 500 像素，高度会随之自动改变，设置完宽度和高度之后，单击"确定"按钮，如图 11.20 所示，这样就调整了图像的大小。

（4）用"文字工具"给图片加文字"WWW.QUANJING.COM"，调整文字大小，旋转至适当角度,将颜色设置为"红色"。按下 < Enter > 键,如图 11.21 所示。

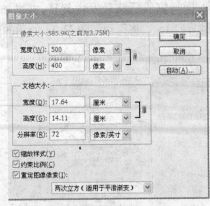

图 11.20

图 11.21

(5) 加好文字后,再选择文字图层,把不透明度改为 50%。

(6) 执行"文件"→"存储为"命令,在"格式"下拉菜单中选择 JPEG 格式,单击"保存",会打开"JPEG 选项"对话框,在"品质"框下拉菜单中选择"高",单击"确定",如图 11.22 所示。

(7) 点击动作,然后按下"动作"面板下的"停止"按钮,关闭记录。

(8) 关闭文件,这里可以不保存修改。

(9) 接下来是对大量图片进行批处理。执行"文件"→"自动"→"批处理"命令,打开"批处理"对话框,如图 11.23 所示。

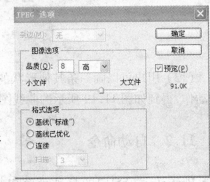

图 11.22

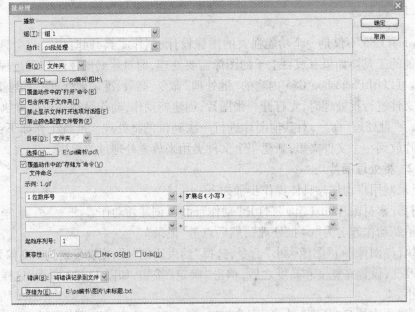

图 11.23

（10）在"源"下拉列表中选择"文件夹"。单击 选择(C)... 按钮,在弹出的对话框中选择待处理的图片所在的文件夹,单击"确定"。

（11）单击选中"包含所有子文件夹"和"禁止颜色配置文件警告"这两个复选框。

（12）单击选中"覆盖动作中的'存储为'命令"复选框,否则会每处理一张图片都要求手动保存。

（13）在"目标"下拉菜单中选择"文件夹",单击 选择(C)... 按钮,在弹出的对话框中选择准备放置处理好的图片的文件夹,单击"确定"。

（14）在"文件命名"的第一个框的下拉列表中选择"1 位数序号",在第二个框的下拉列表中选择"扩展名(小写)"。

（15）在"错误"下拉菜单中选择"将错误记录到文件",单击"存储为",选择一个文件夹。批处理中若中途出了问题,计算机会完整地记录错误的细节,并以记事本的形式存于选好的文件夹中。

（16）以上步骤做好,检查无误之后,单击"确定",系统就会开始一张一张地处理和保存选中的图片,任务结束后会弹出如图 11.24 所示的错误提醒对话框,单击"确定"完成批处理。

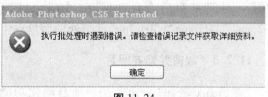

图 11.24

11.2.2　创建快捷批处理

执行"文件"→"自动"→"创建快捷批处理"命令能将一个动作保存为一个快捷批处理。一个快捷批处理是一个很小的可执行文件,打开它能够自动打开 Photoshop CS5 并将设计好的动作应用到任何在其之上的图像上。

实例3：创建快捷批处理

接实例 2,创建一个名为"ps 批处理.exe"的快捷方式。

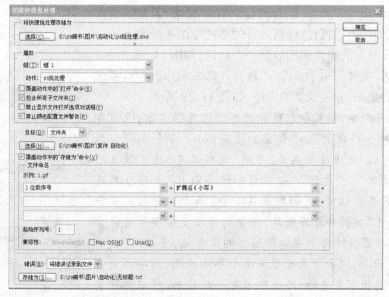

图 11.25

（1）执行"文件"→"自动"→"创建快捷批处理"命令，打开"创建快捷批处理"对话框，如图 11.25 所示。"创建快捷批处理"对话框与"批处理"对话框很相似，只是在对话框的上方多了"将快捷批处理存储为"的选项，如图 11.26 所示。点击 选择(C)... ，将快捷方式取名后保存即可。

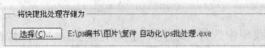

图 11.26

（2）以上选项均设置好后，点击"确定"按钮，将在指定文件夹中生成一个▼ps批处理.exe 文件。

（3）接下来就是应用快捷方式了，选择一个或多个需要处理的图片文件，用鼠标拖动到▼ps批处理.exe 上松开，系统会自动打开 Photoshop CS5 处理图片，处理结束后会自动保存。如图 11.27 中所示，其中"01.jpg"、"02.jpg"、"03.jpg"、"04.jpg"就是处理后自动生成的文件。

11.2.3 裁剪并修齐照片

"裁剪并修齐照片"命令是一项自动化功能，这个功能是针对扫描仪一次性扫描若干张照片并保存为一个图像文件操作的，如果一次扫描多张图在一个 A4 的页面上，用"裁剪并修齐照片"命令就可快捷地将它们一个一个快速分离成单个图片。

实例 4：裁剪并修齐照片

具体操作步骤如下：

（1）打开素材图像"cjyxq.jpg"，此图像为要分离的扫描文件。

（2）按 <Ctrl> + <J> 组合键复制背景图层，下面的操作将在"背景 副本"上进行，这样做的目的是使原图不受影响。

（3）在要裁剪的图像周围绘制一个选区，如图 11.28 所示。

（4）执行"文件"→"自动"→"裁剪并修齐照片"命令，系统会按选区裁剪出来，并生成新的文件，如图 11.29 所示。

注：对照片而言，如果各个照片的各个边缘很清晰，没有杂边，可用"文件"→"自动"→"裁剪和修齐照片"命令立即分离为独立的照片；如果边缘有杂边，可用"选框工具"选成独立的选区，执行"文件"→"自动"→"裁剪和修齐照片"命令分离成独立的照片后再剪切修整；如果在 A4 的页面上同时扫描多张字体的图，由于"裁剪和修齐照片"命令的原理是修整带有像素的部分，而字体图片中每个字体即独立的像素体，直接用"裁剪和修齐照片"命令，则会分离出很多单个字体的图，若字体间有杂点，则会分离出有杂点的、几个字体在一起的图，所以这样直接用"裁剪和修齐"照片命令是行不通的。

图 11.27

图 11.28

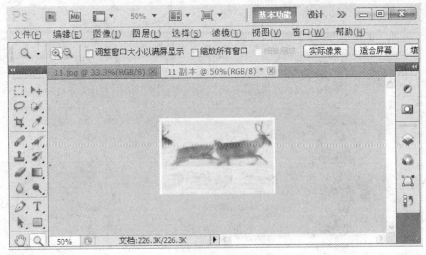

图 11.29

11.2.4　Photomerge(合并图像)

在拍摄大场面风景、建筑或大型集体照的时候,需要将整个场面拍全。如果条件不够,没有超广角镜头就可以分段拍摄,然后将这些分段的图片首尾相连形成全景图片,Photoshop 中提供的 Photomerge(合并图像)功能就可以很轻松地完成合并操作。

实例5: 拼贴全景图

将素材文件夹中的三幅图合并为全景图。

jing1.jpg

jing2.jpg

jing3.jpg

具体操作步骤如下:

(1) 在 Photoshop CS5 中执行"文件"→"自动"→"裁剪并修齐照片"命令(执行此命令之前不需要将图片打开),此时会打开"Photomerge"对话框,如图 11.30 所示。"Photomerge"对话框中左侧一排的选项,是拼合的效果选项,选择不同的选项,可以呈现不同的拼合效果。

● 自动:全自动拼接,如相机定位准确,重叠区域均匀,曝光一致可选择自动调节,一般情况下默认为该选项。

● 透视:透视效果,一般 Photoshop CS5 会指定源图像之一作为中心参考图像,其余图像做透视变换(重定位、拉伸、扭曲),使全景成为透视图像,可建立全 360 度全景。

● 圆柱:圆柱体效果,消除高低视角的透视变形失真,保持一定的小视角内正确拼接图像,参考图像放在中心。该合成模式使用于小视角范围的全景拼接,一般拼合所选的就是这个选项。

● 球形:通过图像对齐、投影变换、图像拉伸等操作,将一系列在某一固定视点拍摄的图像合成为一幅无缝的球形全景图。

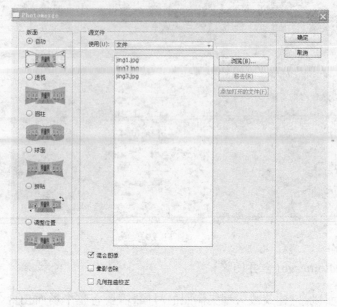

图 11.30

● 拼贴:合成时只排列图像的位置,而不做任何透视变换,使用鱼眼镜头拍摄的照片可以用 Panotool 做透视变换。

● 调整位置:该模式自动拼接部分全景,把无法识别的照片留给用户自己手工拼接,并能提供重叠区域的自动捕捉功能,减少手工识别对接。

(2)点击　浏览(B)...　按钮,添加需要合并的图片文件,在左侧的版面中选择"自动",再单击"确定"按钮,Photoshop CS5 会自动搜索和鉴别每幅源图像,接着进行顺序拼接合成。

(3)拼合的结果如图 11.31 所示,这是初步生成的"毛坯图"。

图 11.31

（4）合并自动生成的图层。

（5）点击"裁剪工具" 📐,对刚才生成的"毛坯图"进行裁剪。生成最终的全景图。如图 11.32 所示。

（6）点击"文件"→"存储为"命令,将生成的全景图保存为 JPEG 格式。

图 11.32

11.2.5　合并到 HDR

有丰富经验的摄影师都知道,在较晴朗的天气状况下,太阳光线十分强烈,照射在主体上会形成明显的明暗反差。如果这种明暗反差超出了相机所能表现的范围(即宽容度),在拍摄的照片中就会同时出现高光过曝而暗部欠曝的情况。

为了弥补相机宽容度造成的困惑,出现了多张不同曝光的照片合成为一张 HDR 图像的技术。它利用曝光不足的照片将高光中的图像细节完全保留,又利用曝光过渡的照片将阴影中的细节完全保留。多张合成在一起,就会实现完全保留图像细节的目的。

Photoshop CS5 对 HDR 合并功能进行了强化,增加了很多调整参数,这样我们就可以对图像的细节进行深入调整,可以创建写实的或超现实的 HDR 图像。借助自动消除叠影以及对色调映射,可更好地调整控制图像,以获得满意的效果。在下面的实例演练中我们会详细讲解 Photoshop CS5 的 HDR 合并功能。

11.2.6　条件模式更改

在 Photoshop CS5 中,可以为模式更改指定条件,以便在动作中成功地使用转换,而动作是可针对单个文件或一批文件播放的一系列命令。当模式更改属于某个动作时,如果打开的文件不处于该动作所指定的源模式下,则会出现错误。例如,在某个动作中,有一个步骤可能是将源模式为 RGB 的图像转换为目标模式 CMYK。如果在灰度模式或者包括 RGB 在内的任何其他源模式下向图像应用该动作,将会导致错误。

在记录动作时,使用"条件模式更改"命令可以为源模式指定一个或多个模式,并为目标模式指定一个模式。

给动作添加条件模式更改的步骤如下：

（1）开始记录动作。

（2）执行"文件"→"自动"→"条件模式更改"命令，将打开"条件模式更改"对话框，如图 11.33 所示。

（3）在"条件模式更改"对话框中，为源模式选择一个或多个模式。还可以使用"全部"按钮来选择所有可能的模式，或者使用"无"按钮不选择任何模式。

（4）从"模式"下拉框中选取目标模式。

（5）点击"确定"，"条件模式更改"将作为一个新步骤出现在"动作"面板中。

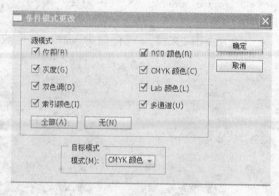

图 11.33

11.2.7　限制图像

在 Photoshop CS5 中，执行"文件"→"自动"→"限制图像"命令，可以方便快捷地改变图像的大小，"限制图像"不是裁剪图像，而是改变图像大小，将图像限制在给定的尺寸中。"限制图像"命令与"条件模式更改"一样，更多的是应用在动作当中。

给动作添加限制图像的步骤如下：

（1）开始记录动作。

（2）执行"文件"→"自动"→"限制图像"命令，打开"限制图像"对话框，如图 11.34 所示。

（3）在"限制图像"对话框中，输入图像被限制的宽度与高度。

（4）选择"不放大"复选框，则当限制的尺寸大于图像实际尺寸时，图像不被放大，还是原来的大小。

图 11.34

（5）点击"确定"，"限制图像"将作为一个新步骤出现在"动作"面板中。

11.3　实例演练

11.3.1　录制制作火焰字的效果

（1）新建文件：宽 600 像素，高 400 像素，分辨率为 72 像素/英寸，背景为黑色。

（2）用"文字工具"输入"FIRE"，填充白色，调整好大小和位置，如图 11.35 所示。

图 11.35

（3）记录下每一步操作。打开"动作"面板，新建动作，名称为"火焰字"，如图 11.36 所示，点击"记录"。

（4）按下 < Alt > + < Ctrl > + < Shift > + < E > 组合键，盖印文字图层，则会生成"图层 1"，如图 11.37 所示。

图 11.36

图 11.37

（5）将"图层 1"按顺时针旋转 90 度，得到如图 11.38 所示。

（6）执行"滤镜"→"风格化"→"风"命令，方向"从左"，如图 11.39 所示。

图 11.38

图 11.39

（7）按 < Ctrl > + < F > 组合键 2 ~ 3 次，加强风格化效果，如图 11.40 所示。

（8）将"图层1"按逆时针旋转90度，得到如图11.41所示。

图 11.40   图 11.41

（9）执行"滤镜"→"模糊"→"高斯模糊"命令，模糊半径为"1"像素，如图11.42所示。

（10）执行"滤镜"→"液化"命令，打开"液化"对话框，对图层进行液化，如图11.43所示。

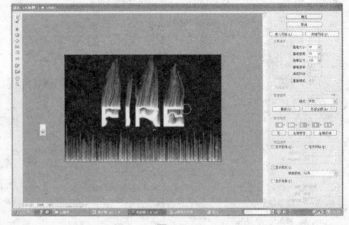

图 11.42   图 11.43

（11）按＜Ctrl＞＋＜J＞组合键，复制"图层1"，得到"图层1副本"，如图11.44所示。

（12）按＜Ctrl＞＋＜U＞组合键，打开"色相/饱和度"对话框，选中"着色"复选框，设色相为"34"，饱和度为"100"，单击"确定"，如图11.45所示。

图 11.44   图 11.45

（13）关闭"图层 1 副本"前的"眼睛"图标，点击"图层 1"，按 < Ctrl > + < U >组合键，调整"图层 1"的色相饱和度，选中"着色"，色相为"0"，饱和度为"65"，单击"确定"。

（14）打开"图层 1 副本"前的眼睛，将图层混合模式改为"颜色减淡"，如图 11.46 所示，得到最终效果如图 11.47 所示。

图 11.46

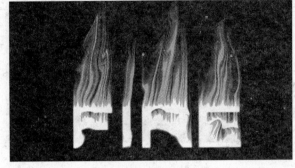

图 11.47

（15）点击"动作"面板上的"停止"按钮，动作录制完毕。

（16）选择"组 1"，点击"动作"面板右上角的按钮，存储动作，将动作存储为"火焰.atn"，如图 11.48 所示。

图 11.48

（17）下面将动作"火焰"应用到其他文字上。建立文字图层"热情高涨"，我们将在这个图层上应用先前创建好的动作"火焰"。选中动作"火焰"，点击"动作"面板下方的播放按钮，将得到如图 11.49 所示的效果。

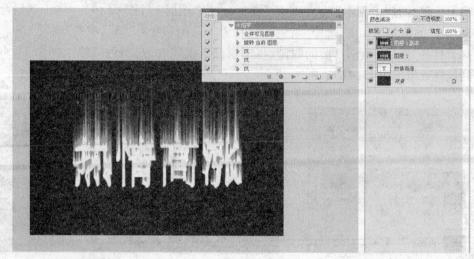

图 11.49

（18）打开"液化"动作的对话框控制。如果动作中的某个步骤需要手动设置,可以打开该步骤前的对话框控制图标□,这样当动作执行到该步骤时就会打开对话框,参数设置完毕后动作继续往下运行,如图 11.50 所示。

图 11.50

（19）选择文字图层"热情高涨",选中动作"火焰",点击"动作"面板下方的播放按钮 ▶,播放到"液化"时打开"液化"对话框,如图 11.51 所示,这时可手动设置液化效果,设置完毕按"确定"。

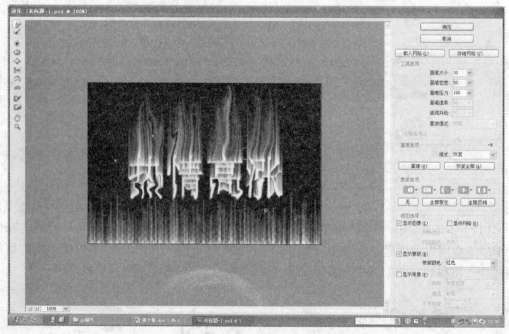

图 11.51

（20）动作执行完毕,效果如图 11.52 所示。

图 11.52

11.3.2　合并到 HDR 调整图像

具体操作步骤如下:

（1）启动 Photoshop CS5,执行"文件"→"自动"→"合并到 HDR Pro"命令,在打开的对话框中单击"浏览"按钮,选择需要合并的图像,确定后返回。如图 11.53 所示。

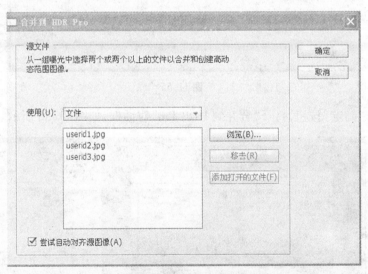

图 11.53

（2）确认"尝试自动对齐源图像"复选框为选择状态,单击"确定"按钮,将选择的图像作为不同的图层载入到一个文档中,如图 11.54 所示。

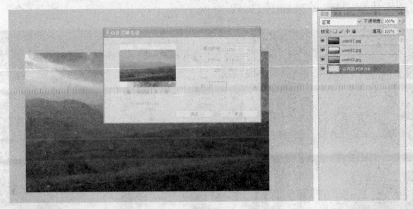

图 11.54

（3）打开"手动设置曝光值"对话框，如图 11.55 所示。在对话框中单击按钮 <u>　＞</u> 查看图像，并选择"EV"选项。

图 11.55

（4）单击"确定"按钮，打开"合并到 HDR Pro"对话框，如图 11.56 所示。

图 11.56

（5）在对话框中选择"移去重影"复选框，然后设置对话框中的其他设置，以合成高质量的图像效果，如图 11.57 所示。

图 11.57

（6）设置完毕后单击"确定"按钮，关闭对话框，完成图像的合成，效果如图 11.58 所示。

图 11.58

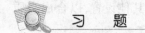 习　题

一、填空题

1. 要录制新动作,可以在"动作"面板中单击_____按钮,将打开"新建动作"对话框,设置选项后,单击_____按钮,即可进行录制。

2. 要执行录制的动作,只需在"动作"面板中选定该动作,然后单击_____按钮或者选择面板菜单中的_____选项即可。

3. Photoshop CS5 提供了一个_____命令,可以对所有已打开的图像进行相同的模式转换。

二、操作题

1. 使用默认动作"渐变映射"和"木质画框"为一张照片添加效果。

原图　　　　　　　　　　　　　　　　　　　效果图

图 11.59

2. 用 Photoshop CS5 新建动作"素描",然后转化为批处理,快速把人像转为黑白素描画,如图所示。

原图　　　　　　　　　　　　　　　　　　　效果图

图 11.60

第 12 章　经典实例

　　本章通过多个图像处理案例,进一步讲解 Photoshop CS5 各大功能的特色和使用技巧,让用户能够快速地掌握 Photoshop CS5 软件功能和知识要点,制作出变化丰富的设计作品。

学习目的：

✓ 掌握选区的编辑操作技术
✓ 掌握图层样式的应用
✓ 掌握图层蒙版的应用
✓ 掌握文字的灵活应用
✓ 掌握图像的变换方法
✓ 掌握滤镜的使用方法

12.1　电话卡制作

　　本例将制作电话卡,效果如图 12.1 所示。通过本例学习,应掌握选区、图层样式、文字的综合应用。

图 12.1

具体操作步骤如下：

（1）分别打开两幅素材图片,如图 12.2、图 12.3 所示。

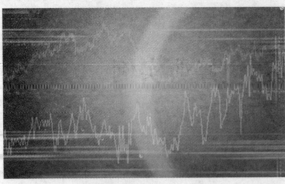

图 12.2   图 12.3

（2）利用"椭圆选框工具"选中图片中的地球，如图 12.4 所示，将其拷贝到主图中，如图 12.5 所示。

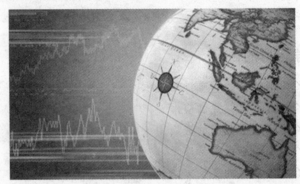

图 12.4   图 12.5

（3）将图层的混合模式设为"叠加"，如图 12.6 所示，效果如图 12.7 所示。

图 12.6   图 12.7

（4）新建一个图层，选择"矩形选框工具"画一个矩形选区，并以蓝、红、黄（从左到右）渐变填充，效果如图 12.8 所示。

（5）选择"矩形选框工具"，羽化："15"px，建立选区，并删除选区内容，如图 12.9 所示。

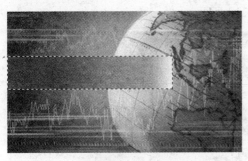

图 12.8　　　　　　　　　　　　　　　图 12.9

（6）设置前景色为"黄色"，选择"文字工具"，输入文字"电话卡"，字体为"黑体"，字号为"40"，效果如图 12.10 所示。

图 12.10

（7）选择图层样式为"斜面和浮雕"，设置参数如图 12.11 所示。

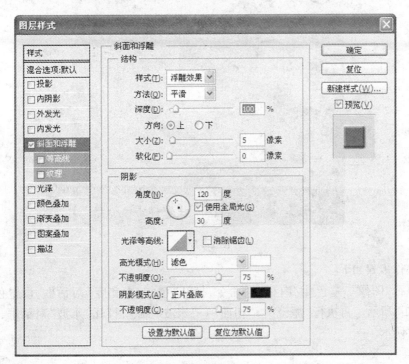

图 12.11

（8）在右下角输入价格和发行日期，如图12.12所示。

图12.12

12.2 冰棒广告制作

本例将制作冰棒广告，如图12.13所示。通过本例学习，应掌握图层蒙版、图层样式、文字、图像的变换的综合应用。

图12.13

具体操作步骤如下：

（1）执行"图像"→"色相/饱和度"命令，打开"色相/饱和度"对话框，设置色相、饱和度如图12.14所示。再执行"滤镜"→"扭曲"→"水波"命令，打开"水波"对话框，参数设置如图12.15所示。

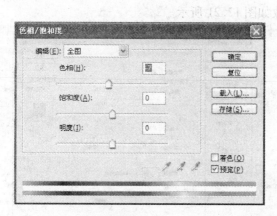

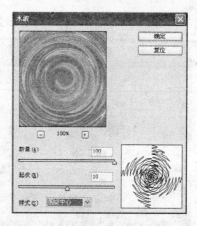

图 12.14

图 12.15

（2）打开气泡素材将其拷贝到主图中，效果如图 12.16 所示。"图层"面板如图 12.17 所示。

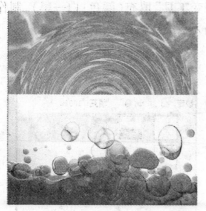

图 12.16

图 12.17

（3）将"图层 1"的图层混合模式设置为"变暗"，如图 12.18 所示，效果如图 12.19 所示。

图 12.18

图 12.19

（4）打开素材文件夹中的"草莓.jpg"，将其拷贝到主图中，调整它的大小，效果如图 12.20 所示。

（5）设置"图层2"的图层样式，参数如图12.21所示。

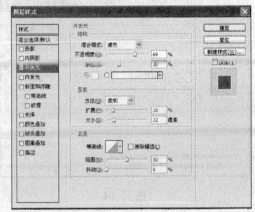

图12.20　　　　　　　　　　　　　　　图12.21

（6）在"图层2"上添加图层蒙版，使用"渐变工具"填充（颜色：白—黑），制作融合效果，如图12.22所示。"图层"面板如图12.23所示。

图12.22　　　　　　　　　　　　　图12.23

（7）打开素材文件夹中的"冰棒.jpg"，将其拷贝到主图中，调整它的大小，效果如图12.24所示。

图12.24

（8）对冰棒图层添加浮雕样式,参数设置如图 12.25 所示,效果如图 12.26 所示。

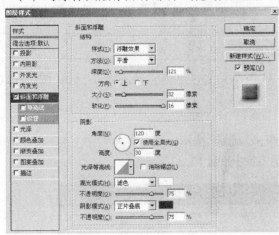

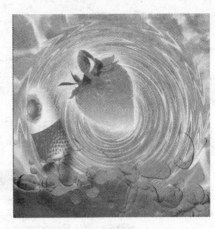

图 12.25　　　　　　　　　　　　　　图 12.26

（9）打开素材文件夹中的"沙滩椅.jpg",将其拷贝到主图中,调整它的大小,效果如图 12.27 所示。

（10）写上文字"味道好冷饮公司",效果如图 12.28 所示。

图 12.27　　　　　　　　　　　　　　图 12.28

（11）在相应的位置写上文字"香草莓,新口味,好感觉!",效果如图 12.29 所示。设置字体为"华文彩云",字号为"8"点,样式的设置如图 12.30 所示。

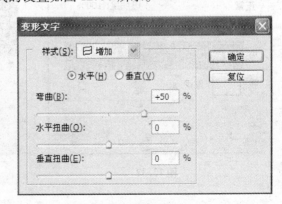

图 12.29　　　　　　　　　　　　　　图 12.30

（12）保存文件。

12.3 神秘的宇宙

本例将制作神秘的宇宙，效果如图 12.44 所示。通过本例学习，应掌握选区、图层样式、文字、定义图案的综合应用。

具体操作步骤如下：

（1）新建一个文件，如图 12.31 所示，单击"确定"按钮。

（2）放入基本背景，即"图层 2"，"图层"面板如图 12.32 所示。

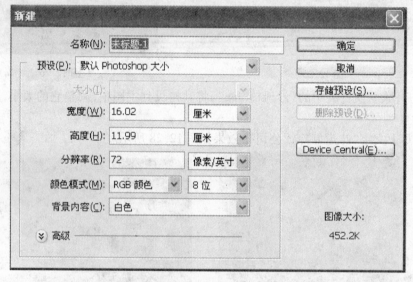

图 12.31

（3）新建一个文件，宽度和高度均为"100"像素，显示标尺，把页面划分为四等份，作出四方格图案，如图 12.33 所示。

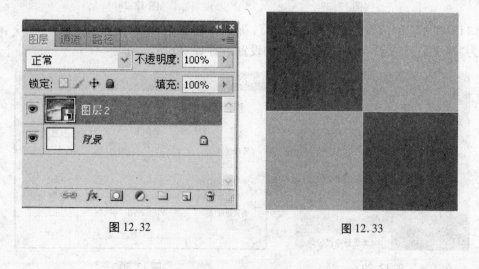

图 12.32   图 12.33

（4）执行"编辑"→"定义图案"命令，如图 12.34 所示，单击"确定"按钮。

（5）新建一个图层，将其命名为"图层 3"，执行"编辑"菜单下的"填充"命令，如图 12.35 所示，对"图层 3"进行填充，单击"确定"按钮。对所形成的"图层 3"进行自由变换，拉伸成如图 12.36 所示的延伸效果。"图层"面板如图 12.37 所示。

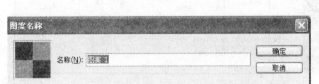

图 12.34   图 12.35

图 12.36   图 12.37

（6）从所给素材中选取地球，如图 12.38 所示。执行"选择"→"修改"→"羽化"命令，如图 12.39 所示，单击"确定"按钮。复制到"图层 4"，如图 12.40 所示。对"图层 4"添加"外发光"的样式，各项参数如图 12.41 所示。

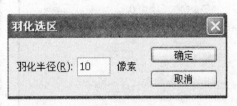

图 12.38   图 12.39

图 12.40

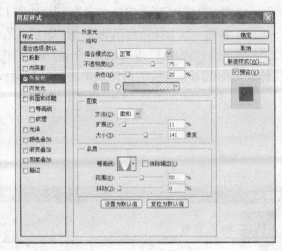
图 12.41

（7）单击"确定"按钮，效果如图 12.42 所示。

图 12.42

（8）制作文字"神秘的宇宙"，选中文字区，将之设置为"扇形"，参数设置如图 12.43 所示，效果如图 12.44 所示。

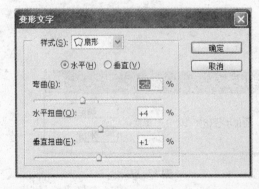
图 12.43

图 12.44

（9）保存文件。